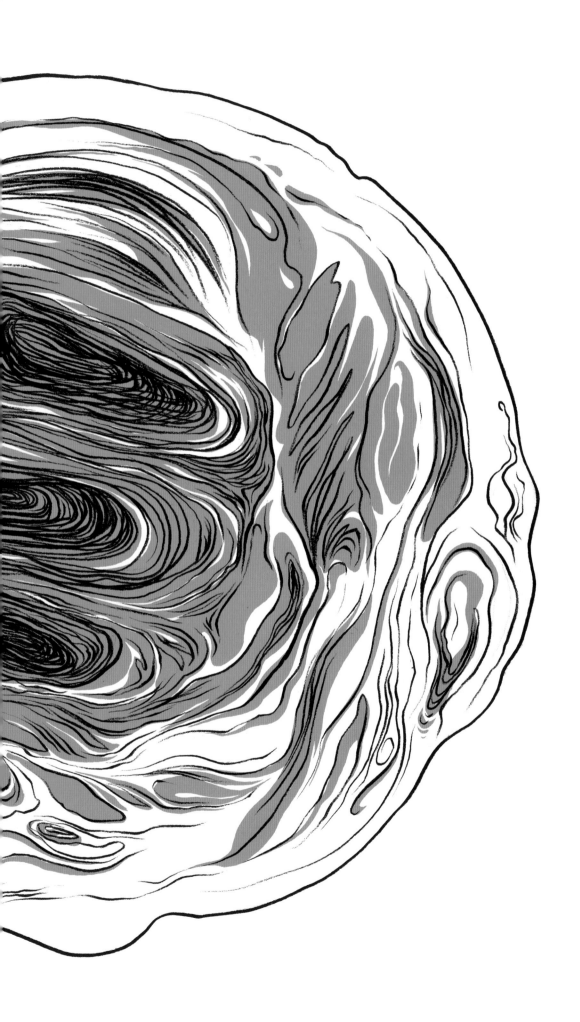

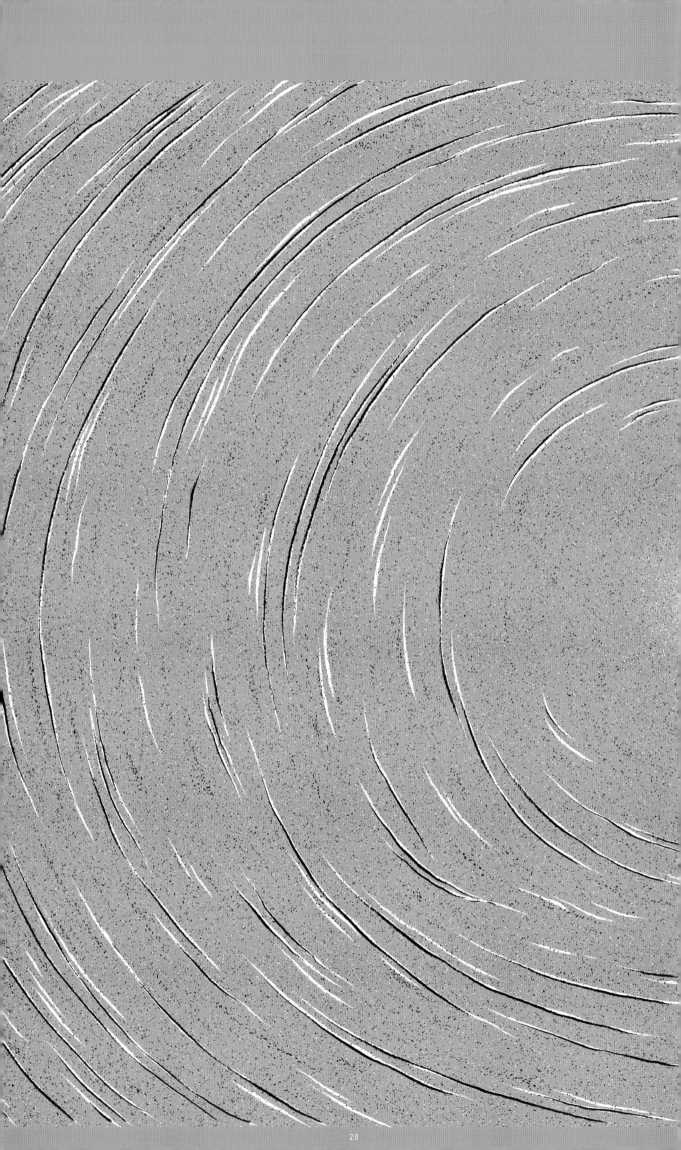

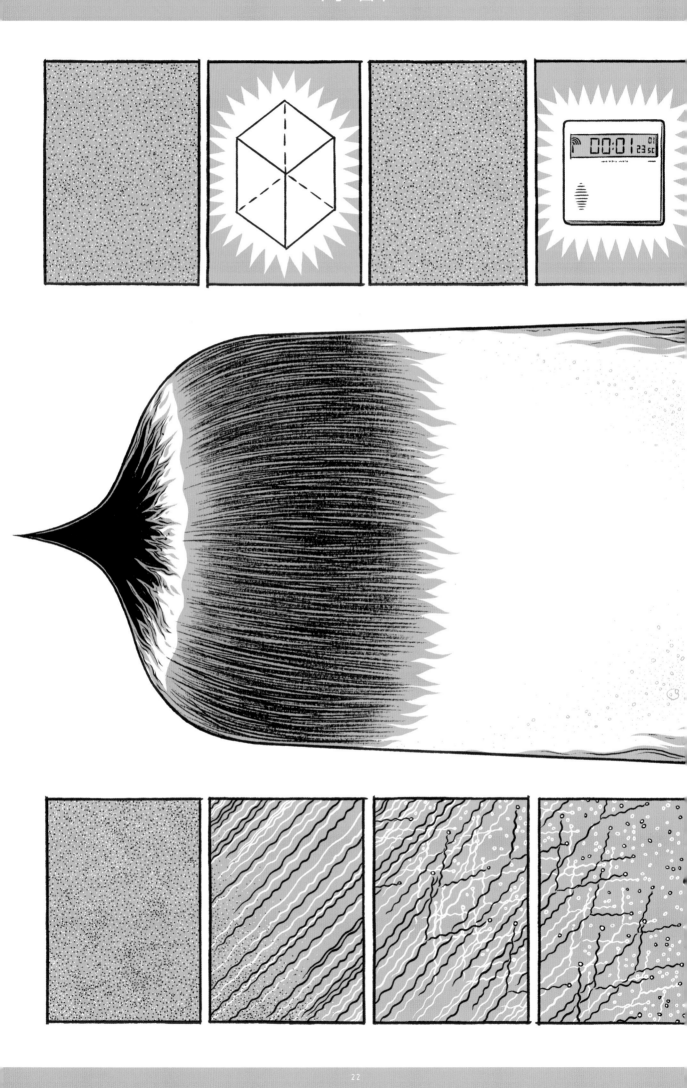

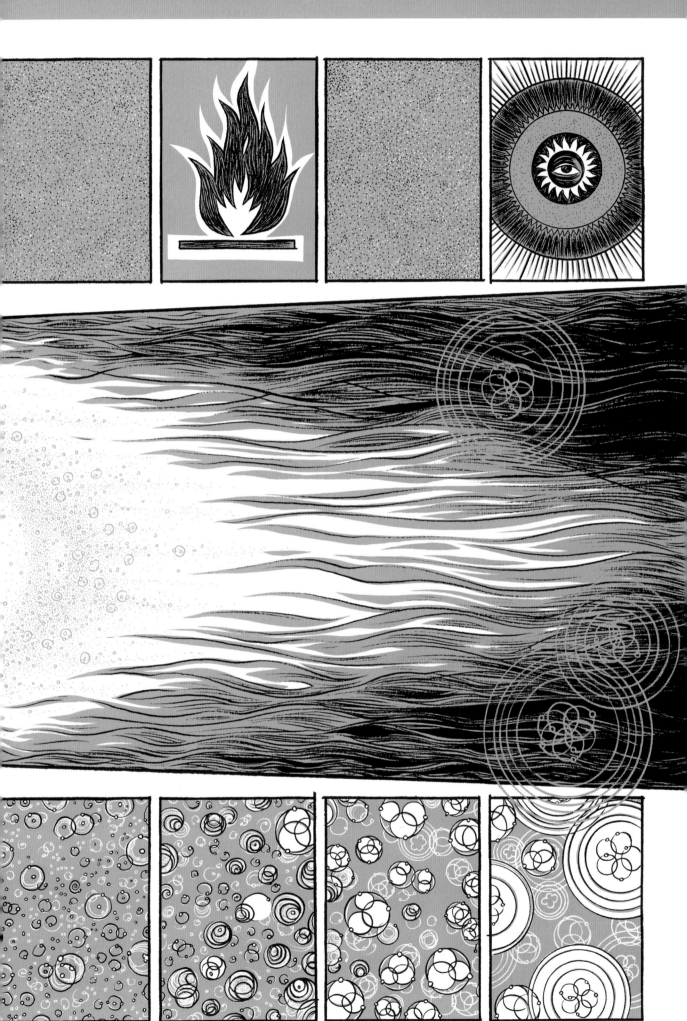

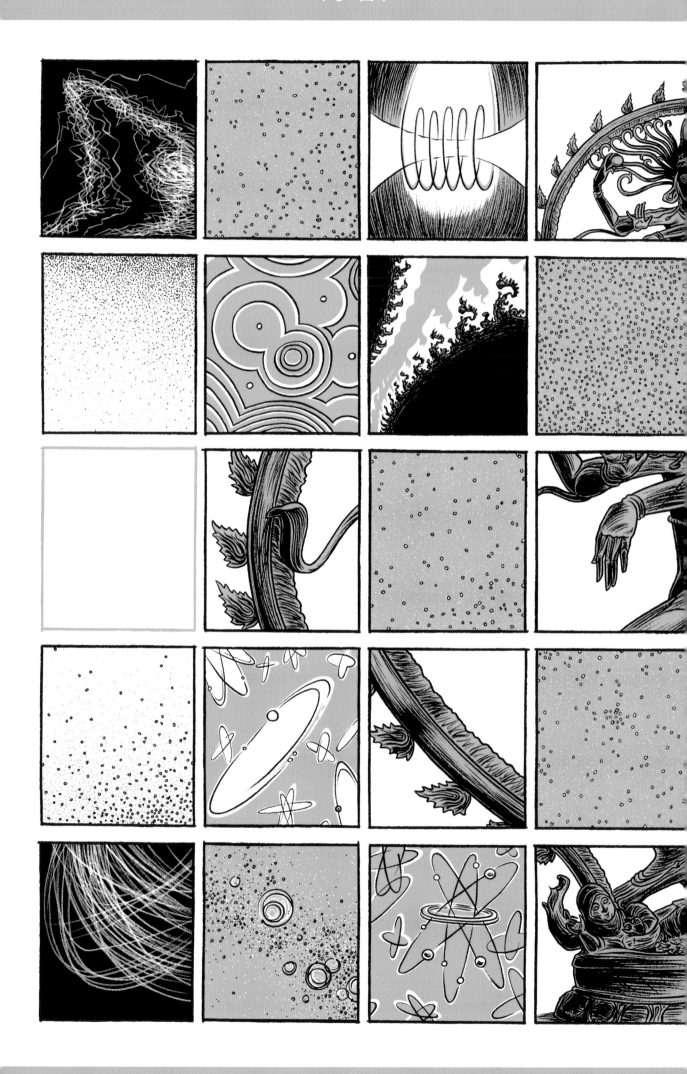

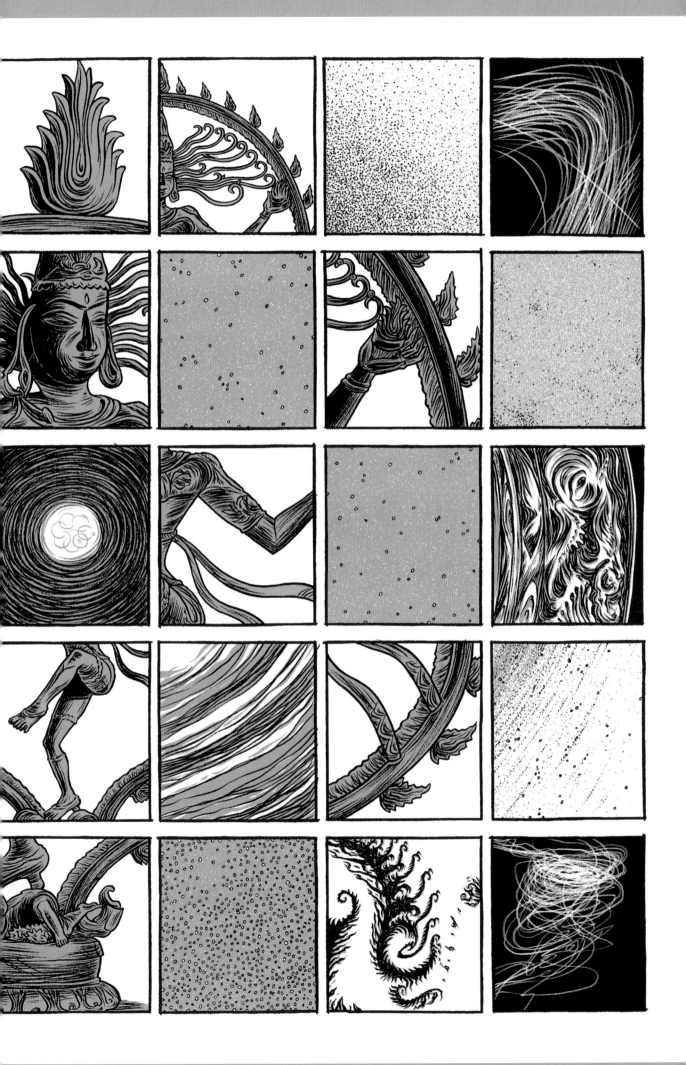

剛開始的時候，只有一個起點，這就是奇異點。

這個宇宙膨脹的起點，極為熾熱稠密，大概只有足球那樣大。

一個暴脹的宇宙就此誕生，這是時間與空間的起點。

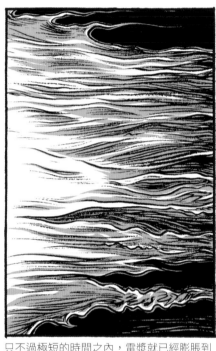

只不過極短的時間之內，電漿就已經膨脹到極大的體積了。

物質跟反物質並存，它們是各自帶有相反電性的粒子。

夸克形成越來越穩定的結構，剛誕生的宇宙溫度開始快速下降。

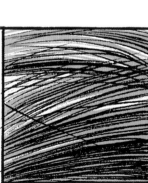

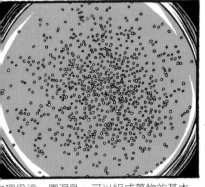

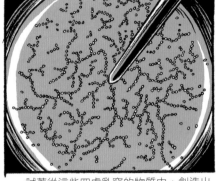

物理爲這一團混亂、可以組成萬物的基本物質制定出些許規則……

……試著從這些四處亂竄的物質中，創造出一些結構。

一道輻射昭示出各種新誕生的力場彼此之間的連結。

每一次撞擊都有新的粒子會誕生，次原子的世界就此誕生。

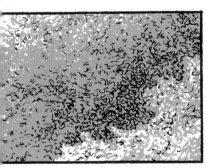

有電子跟正子。

有介子跟重子。

有強子跟輕子。

有紗子跟微中子。

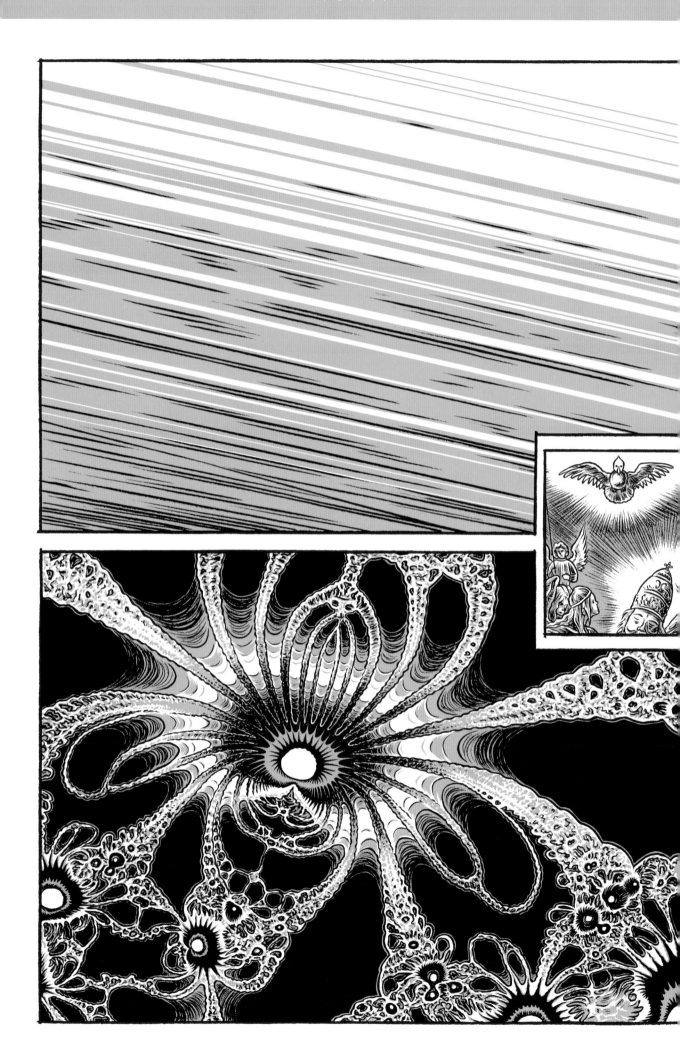

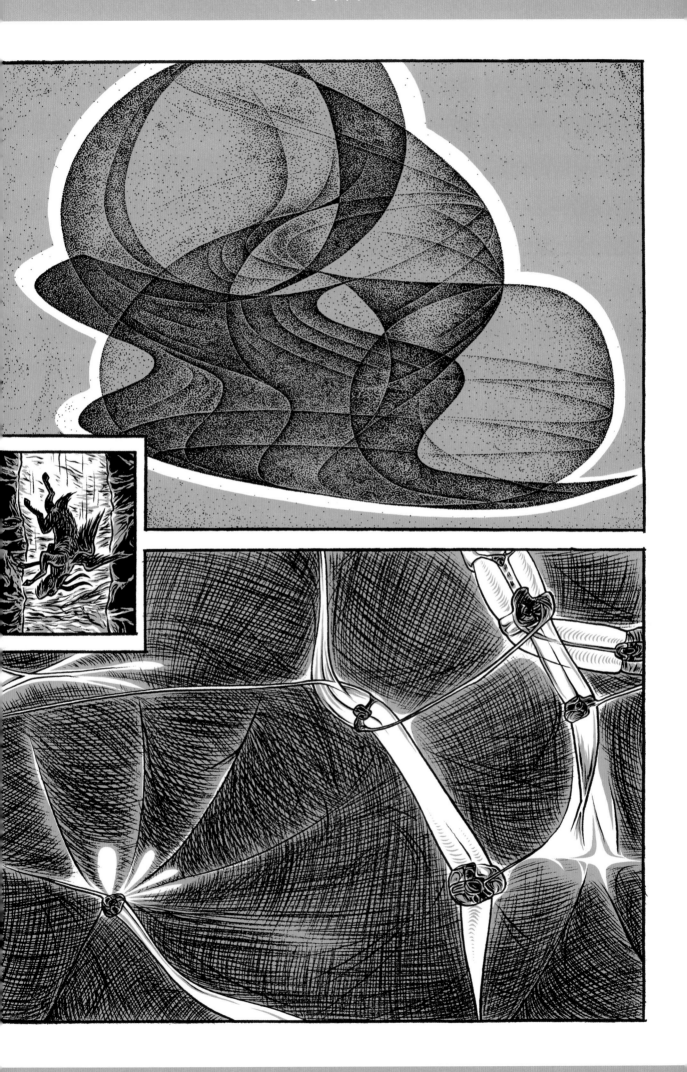

離宇宙誕生不過一刻鐘……

溫度就降至1百億度，一個偶然形成的連鎖反應導致一系列因果關係……

……使一個新的時代就此誕生

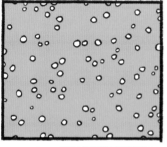
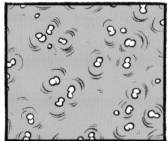
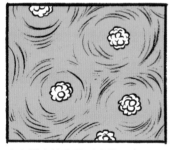

眾多豐富的物質形成粒子流，匯集在一起。

質子與中子結合在一起，形成更大的粒子。

化學的寶箱被打開了，揭開原子時代的序幕。

這段時間之中,世界一旦開始增生,就會像推倒一副超大的骨牌一樣,一直持續下去毫無止境。

時間與空間的尺度不斷擴大,形成一團無邊無際的棉花糖。

促助長了這段多產的過程。

一切都由物理規則引導。

原始的能量跟物質開始分離。　宇宙繼續變冷,最後變成……

……一片黑暗。

〈 宇 宙 〉

〈宇宙〉

〈宇宙〉

1百萬年很快地過去了，其中只有一些很微弱的間接輻射能穿越現在已然清澈的宇宙。溫度也從剛開始的熾熱，降到只有數千度。

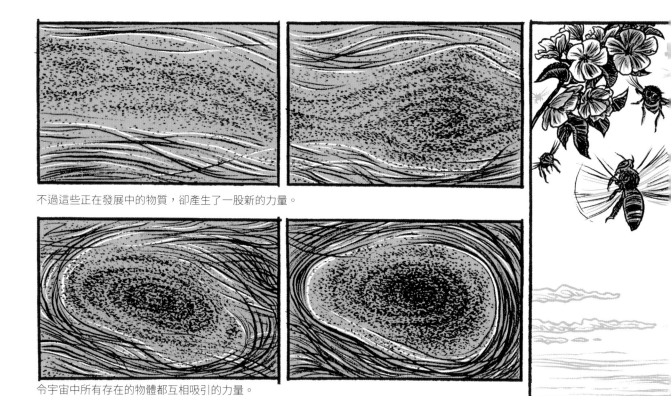

不過這些正在發展中的物質，卻產生了一股新的力量。

令宇宙中所有存在的物體都互相吸引的力量。

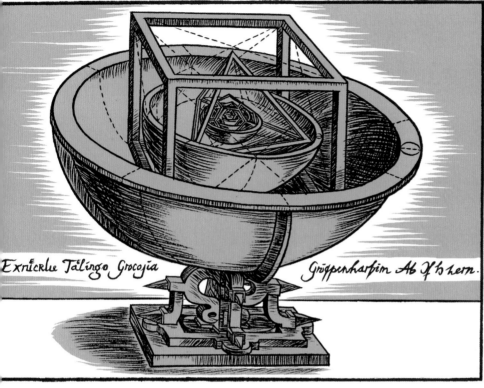

Exnicrlie Talingo Grocojia　　　*Gröppenharfim Ab Xfshern.*

即物理四種基本作用力之一，也是宇宙所有天體力學的基礎以及驅力：　　　重力。

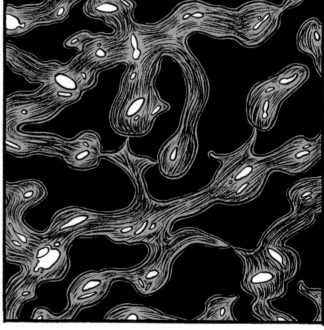

的氣體像是氫氣與氦氣，從此有了各自的質量，開始聚集。　　宇宙中的物質開始在交匯處聚集、濃縮，形成一個個孕育未來的核心。

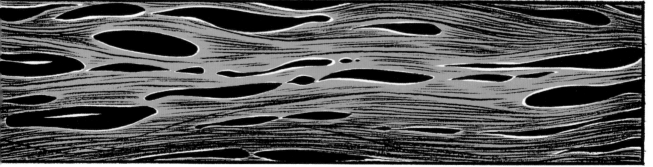

過還要再等2億8千萬年，第一個有潛力形成核反應的原子核才會開始出現。

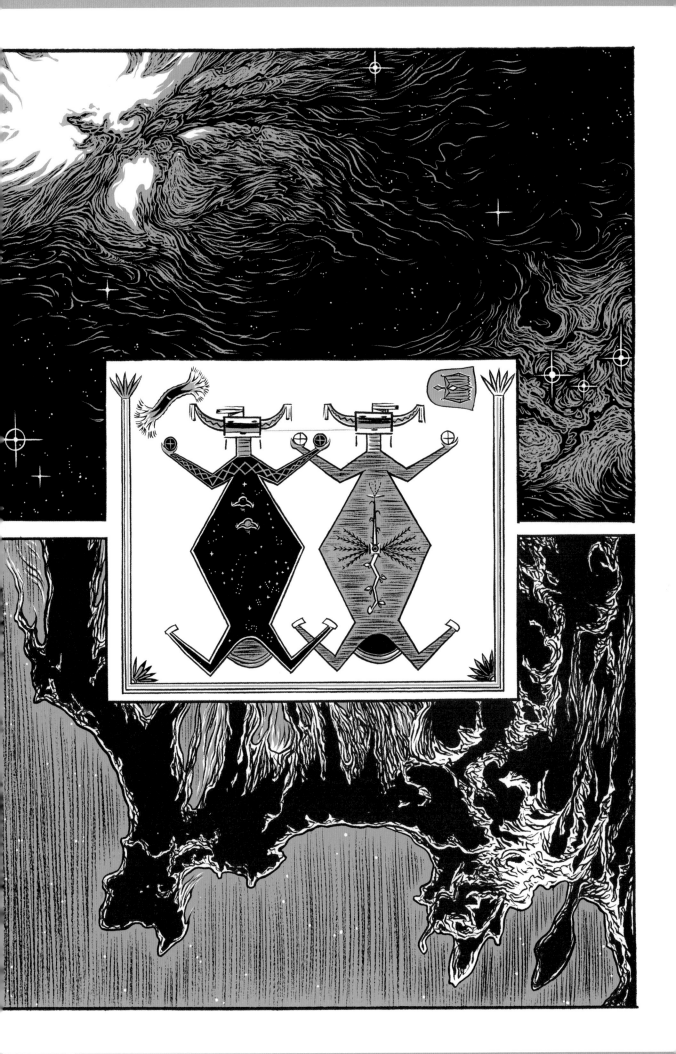

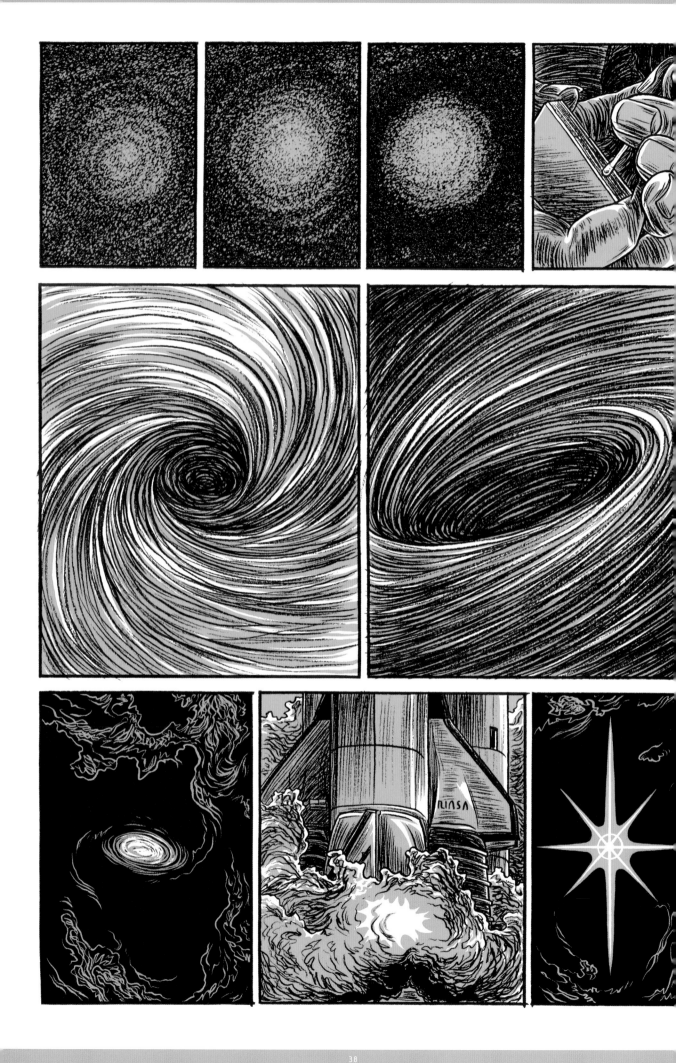

〈宇宙〉

〈宇宙〉

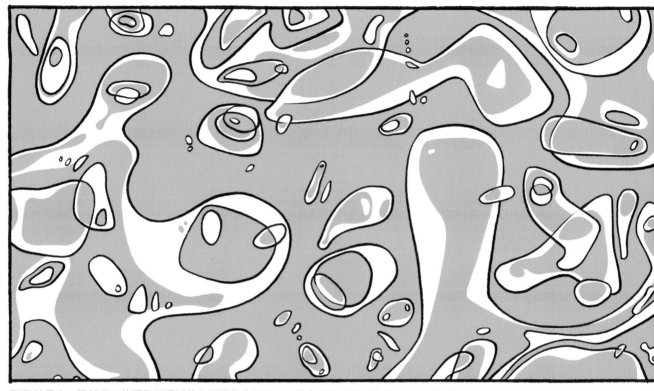

到目前為止,雖然原子的運動都還循著布朗運動的軌跡,不過它們彼此的互動自此開始變得非常不均勻。

重力凝集這些流動的物質……

……最終使這些處於動態累積狀態下的物質塌陷。

百萬年之後，物質聚集成溫度高達數百萬度的核心，這是讓核融合可以大展身手的舞台。氫跟氘等原始氣體燃燒之後產生了氦氣。最原的恆星於焉誕生。

種不同的星星族群開始出現了，有白矮星、紅巨星，還有比較黃的如太陽一般的星星。

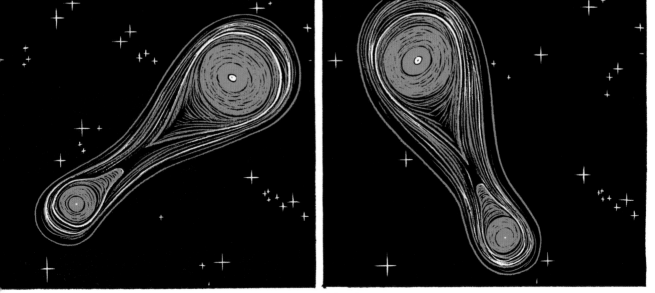

現了最早的星星群聚現象，尤其是雙星系統，也就是由兩顆恆星連結在一起。

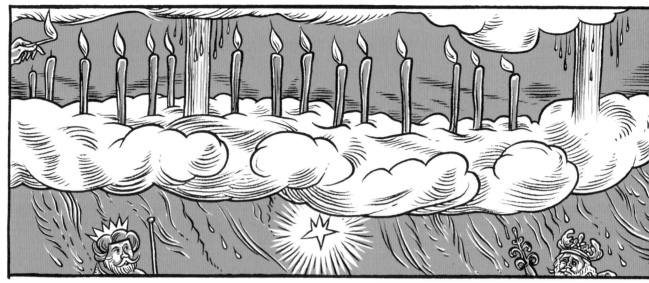

一旦這些星星的氣體燒完之後就會死亡。它們融合之後,新的、比較重的原子隨之誕生。

有些星星則一直膨脹變成超新星,但最終會只剩一塊金屬,然後死亡。

比較重的那些星星則會變成脈衝星。

或者自我吞噬,變成一顆巨大的黑洞。

首批星星會形成原始星系……

……但是得花20到60億年發展。

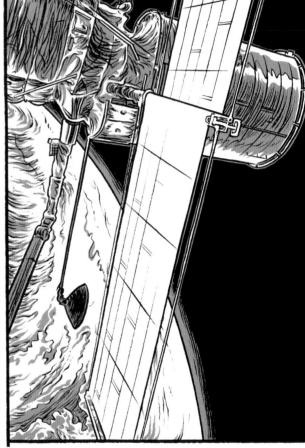

除了形成各種不同的球狀星團，安靜地運轉……

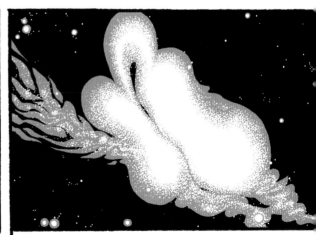

……也會發展出越來越複雜的系統。

重星系。

棒狀旋星系。

旋狀星系。

星系團。

心彷彿有一個由極巨大黑洞推動的隱形操控馬達，令這些星系永遠不停運行。

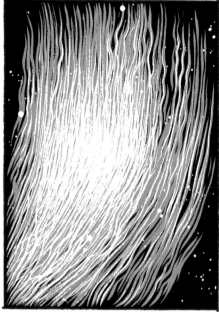

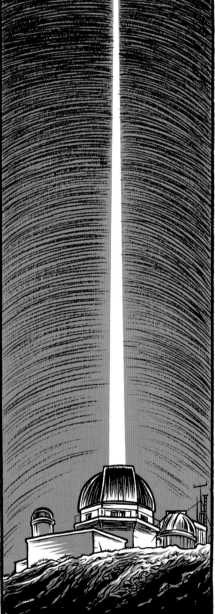

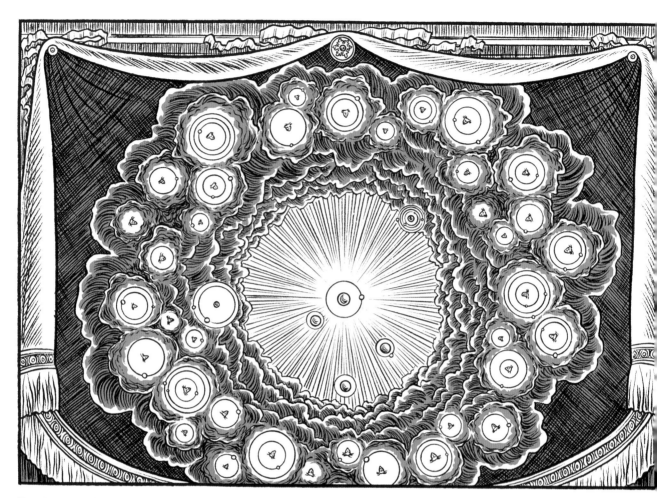

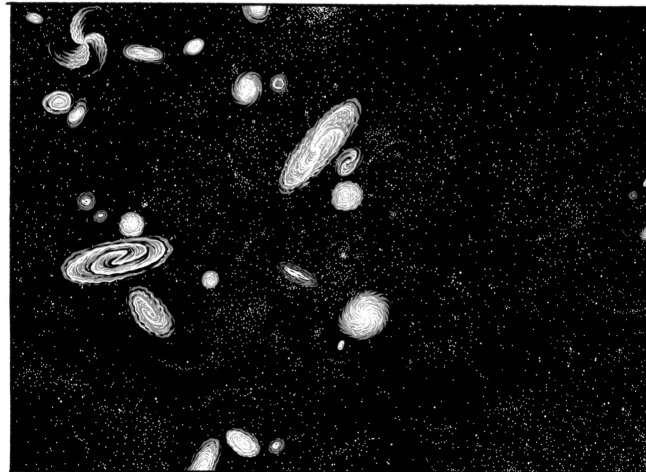

其中有一個中等尺寸的星系，跟其他三十幾個星系一起組成「本星系群」。

銀河

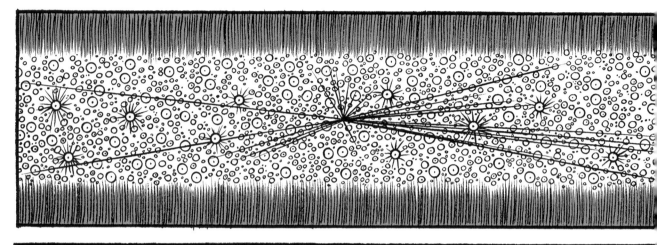

一個由數千億顆星星所組成的光盤，以自己爲中心，莊嚴穩定地自轉。

約60多億年之後，銀河邊緣一團由輕氣體及星塵組成，已然冷卻的雲層開始慢慢分離。這些是第一代已經死去或是爆炸的星星遺留下來殘骸。

太陽星雲開始收縮。　　　　　　　　核融合開始。　　　　　　　　新的星星誕生。

太陽

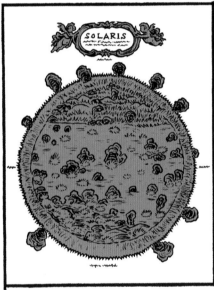

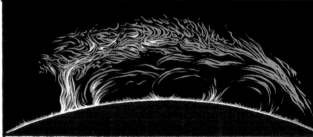

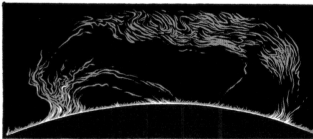

它在接下來數百萬年中漸漸穩定。

不過它的表面仍然有著劇烈活動。

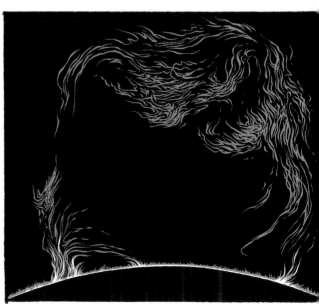

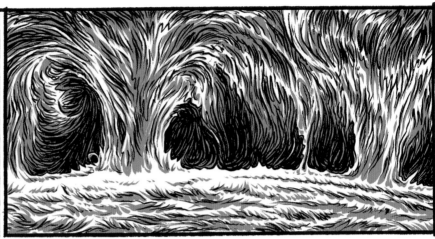

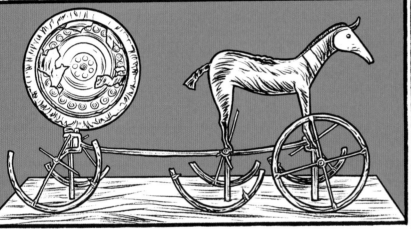

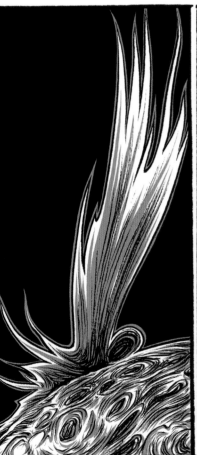

氣體風暴扯碎表層，氣流斑點攪亂光芒，對流使它產生磁性。

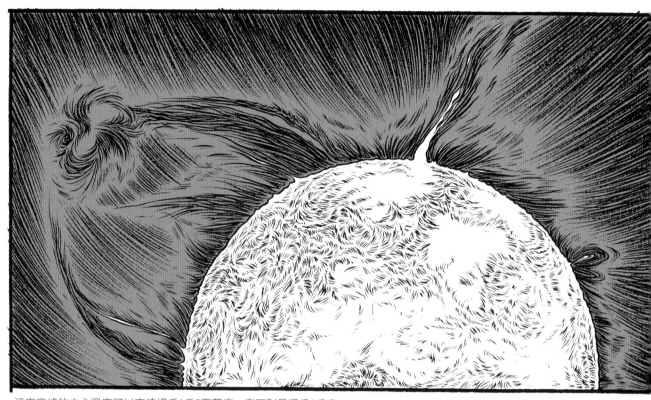

這座高爐的中心溫度可以高達攝氏1千5百萬度，表面則是攝氏6千度。

原始太陽四周仍被厚厚的雲層圍繞著，以太陽爲中心旋轉，慢慢聚集成一圈圈的環狀星塵。

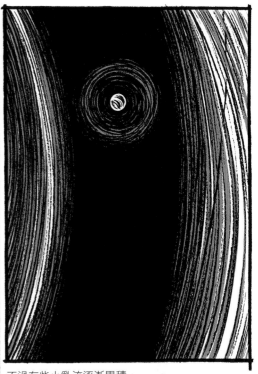

不過有些小亂流逐漸累積。

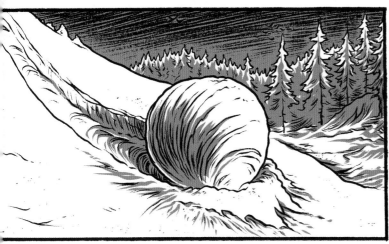

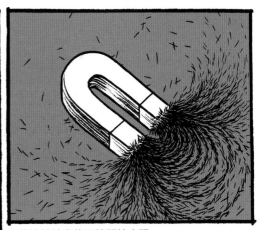

一些比較結實的團塊開始出現。

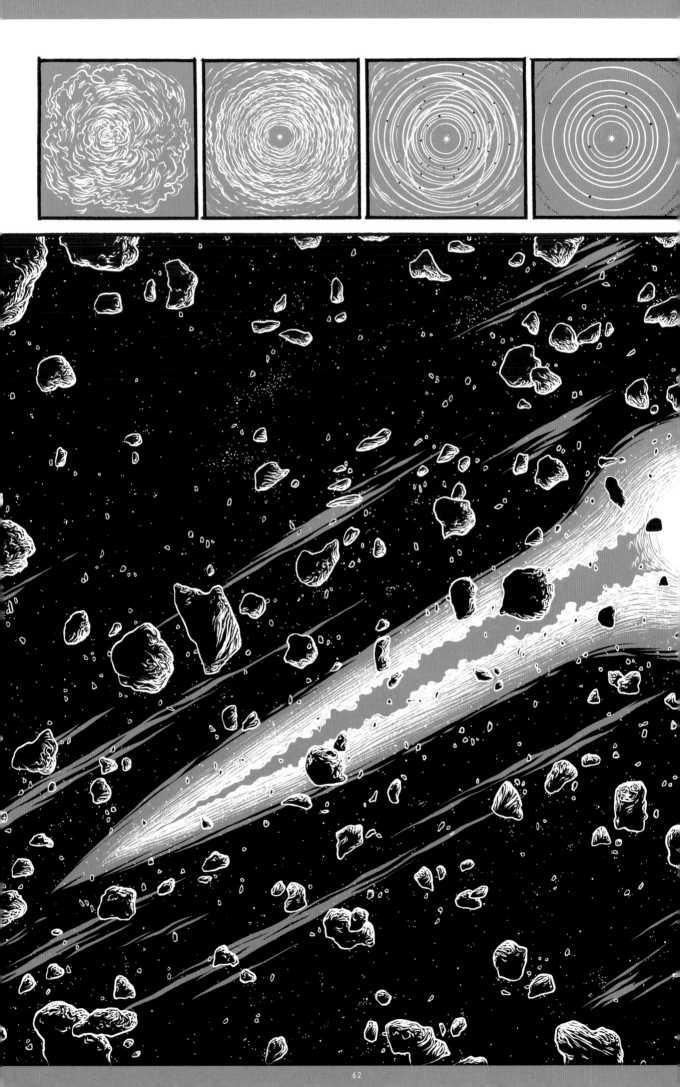

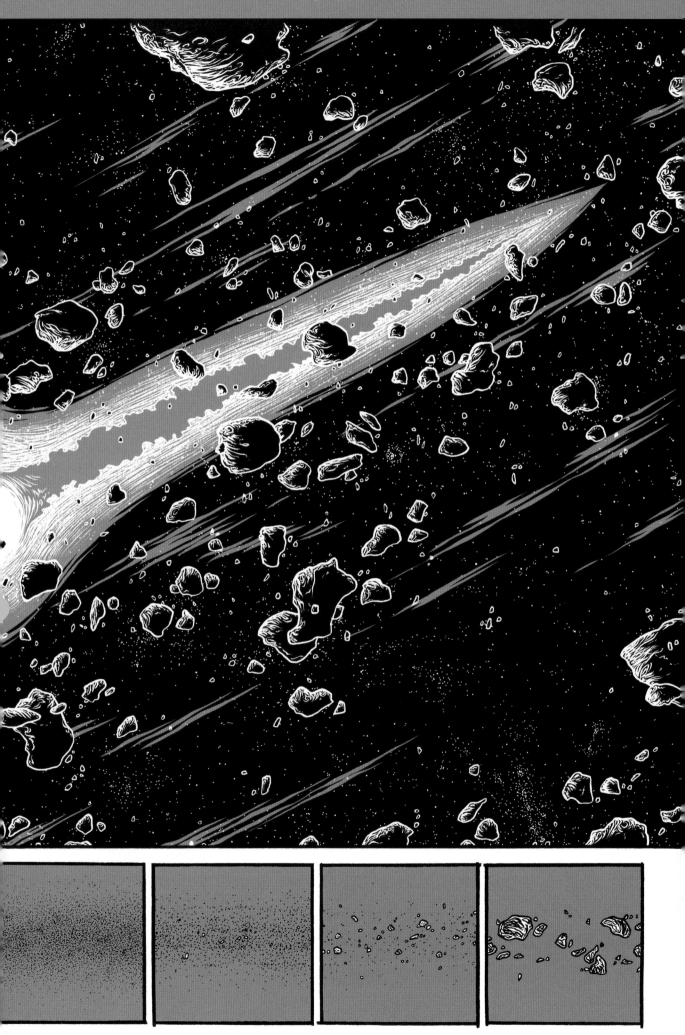

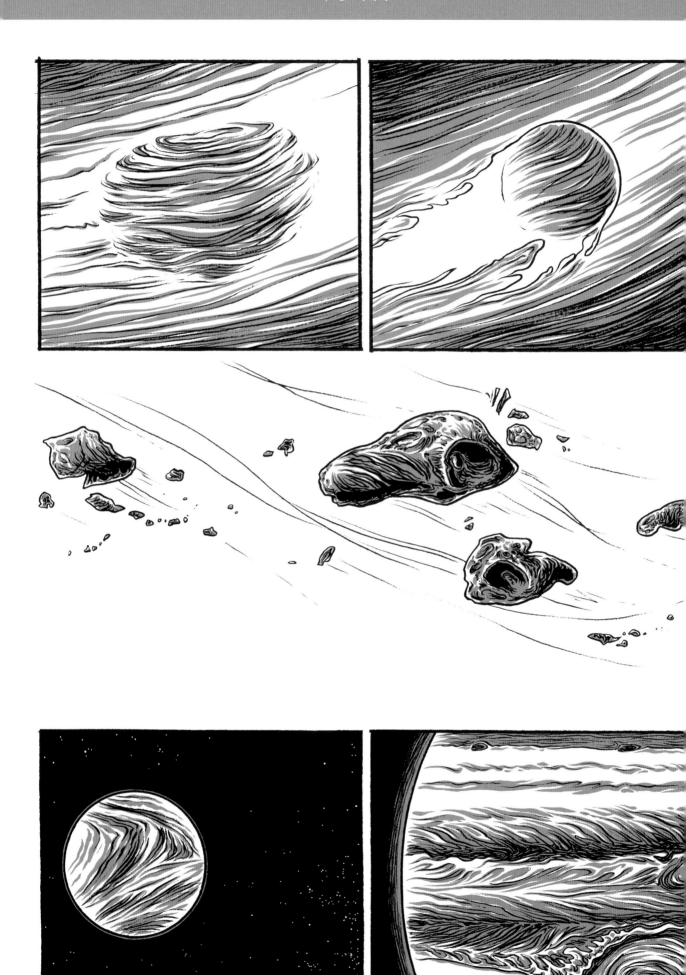

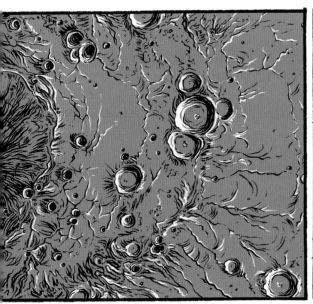

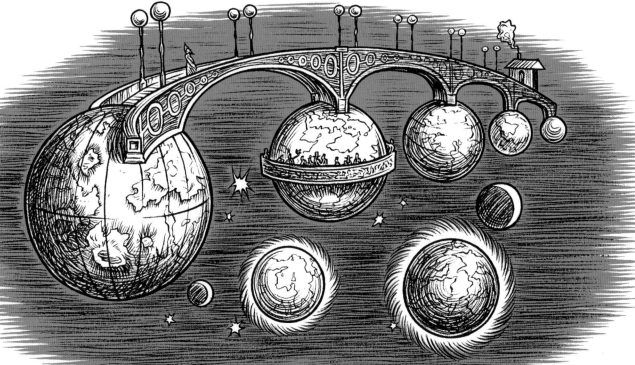

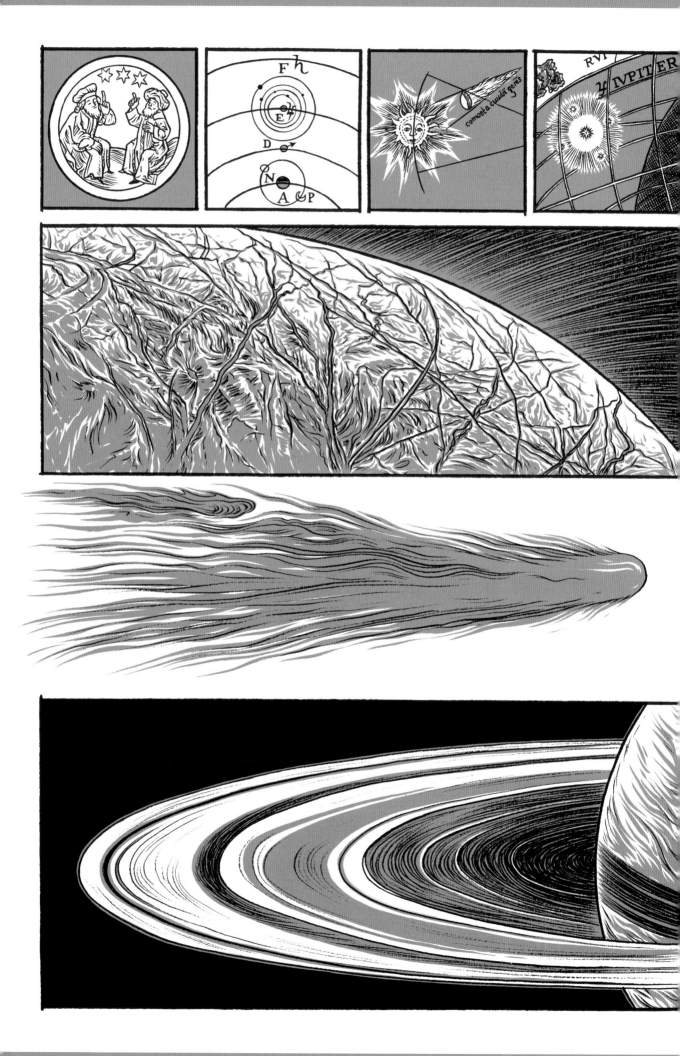

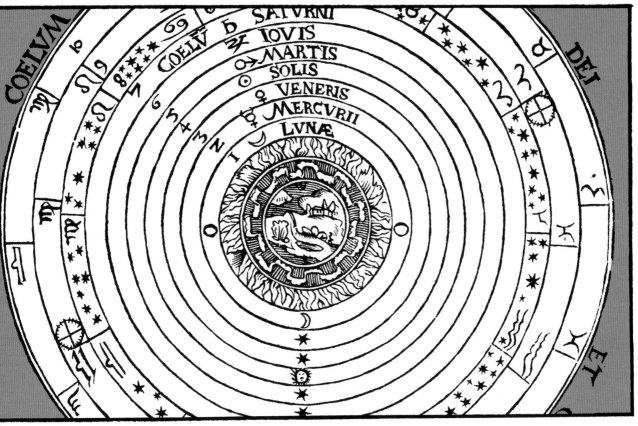

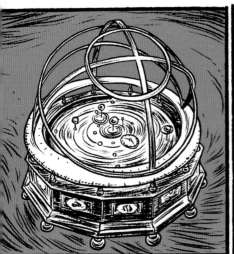

太陽系中的多樣化持續互相影響，使得變化越來越大。

最早的冰塊形成。

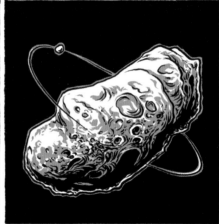

小行星與彗星。

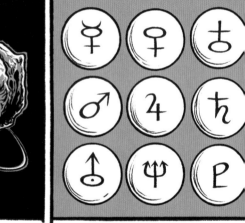

接著，九大行星終於出現。

有些行星始終保持高溫，它們體積多半比較
小，如水星與金星。

其他的則又重又冷，成為巨大的氣體行星，
如土星與木星。

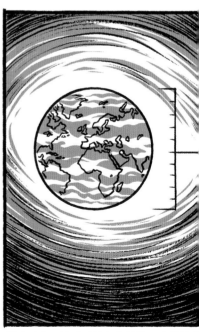

其中只有一顆成功地在極端的死亡條件中
到平衡。

地球

0

起點，奇異點

剛開始一個像足球大小般、極度高溫緻密的初始狀態，就是宇宙擴張的起點。

1.宇宙

這個擴張的宇宙誕生後，一團極爲活躍的不透明電漿也隨著爆炸效果向外擴張，它蘊含的能量相當於百萬億億個太陽。這就是空間—時間的起點。

10^{-43}秒

普朗克時期。物質跟反物質之間的平衡被打破，情況有利於物質。輻射溫度急劇下降。

10^{-39}秒

電弱時期，統一時期。此時最主要的物質是夸克與反夸克。

10^{-11}秒

弱作用力開始與電磁力分開。

10^{-5}秒

夸克時期，也是強子跟輕子的時代。夸克變成質子、中子、介子與重子。伽馬射線會形成電子—正子對。溫度提升到1千億度。

0.01秒

原子形成的時期。質子與中子結合，形成氫、氦、鋰以及氘的原子核。宇宙溫度降至10億度。

3分鐘

輻射時代。在這段時間裡，物質與能量仍緊密地連在一起。

30萬年

物質與能量分離。原本緻密而混沌一片的宇宙現在變得透明，原本只能部分穿越的宇宙輻射可以直接穿越。宇宙溫度現在降至3千度，較輕的原子核開始捕捉慢電子形成原子。剛開始的時候只會形成氫原子跟氦原子，比例約是四個氫原子比上一個氦原子。宇宙現在已經擴張了1020公里，差不多是1千萬光年的距離。

1百萬年

黑暗時期。因爲宇宙擴張的關係，散射的輻射溫度開始大幅降低，宇宙因此變得一片漆黑。

2億8千萬年

形成大結構的時期。物質聚集形成類星體、恆星以及星團等結構。在這些地方，重元素的原子核也開始出現，特別是在恆星核內氦元素燃燒的時候，碳、氧、矽、鎂以及鐵等元素就會被合成出來。質量巨大的星體爆炸並且變成超新星，藉此將比較重的元素傳給下一代恆星。

7億年

第一批銀河系開始成形。一部分圓盤狀的銀河系漸漸變形成橢圓形。不同群的恆星在此誕生發育。因此在這裡可以看到棕矮星、像太陽一樣的恆星、白巨星、藍超巨星（當然也有白矮星、紅超巨星、脈衝星或是雙星系統等等）。有朝一日它們全都會步向死亡變成超新星、金屬、或是黑洞。

13億年

原始氣體跟星球殘骸開始形成我們的銀河系。接著它開始不斷與其他星團碰撞。銀河中稍後幾代新形成的恆星中，開始出現了第一批太陽系群與它們的行星。

70億年

暗能量開始讓宇宙膨脹加速。

87億年

我們的銀河系與另一個銀河碰撞，我們的太陽系便隨之誕生。一片暗星雲收縮，形成原始太陽，其核心並與表層分離。剩下來的圓盤狀星塵開始冷卻，形成許多冰塊與岩石。接著分成數圈小行星帶，然後形成九大行星，其中有些是類地行星，有些則是氣體巨星，它們其中有些還會有衛星跟大氣層。

92億年

這片星雲核心的溫度開始到達百萬度——太陽被點燃了。

冥古代

〈隱生宙〉

冥古代

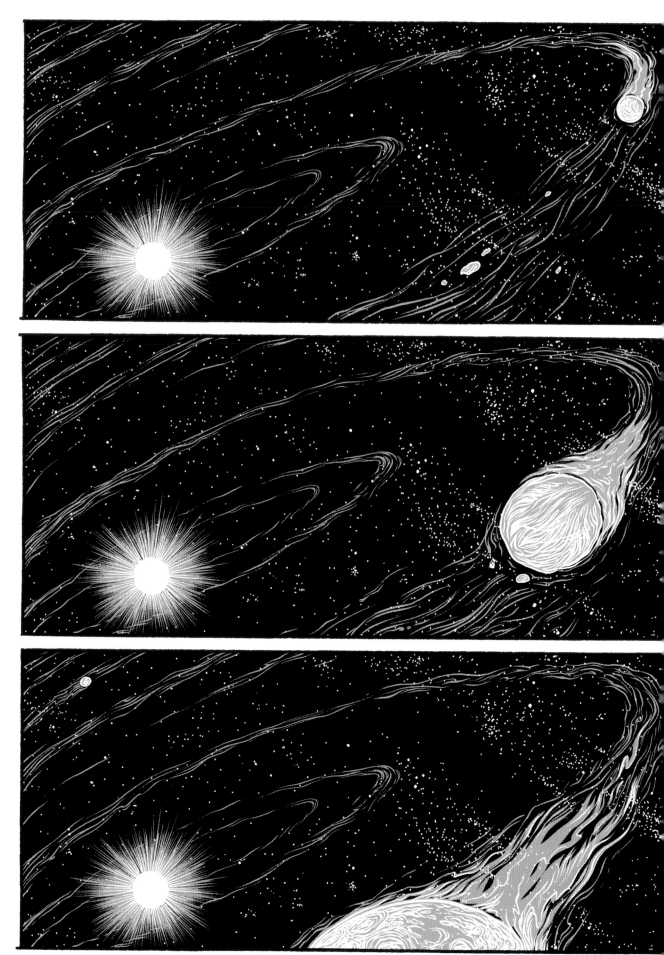

凝聚完成之後，年輕的地球就開始冷卻。不過來自宇宙毫不間斷的隕石轟炸，還有圍繞在地球周圍、原本圓盤中剩下的星塵，及持續衰變的放射性物質，在在令這個過程變得相當複雜。

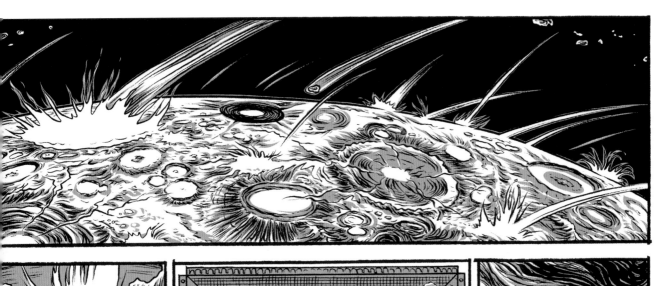

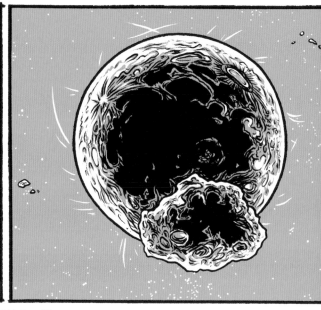

地球剛形成不久就差點被一顆如火星般大小的原行星撞擊，幸好只是擦身而過。

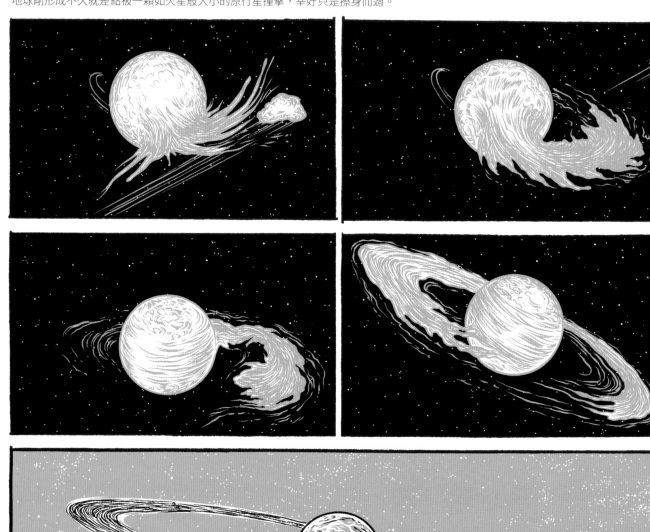

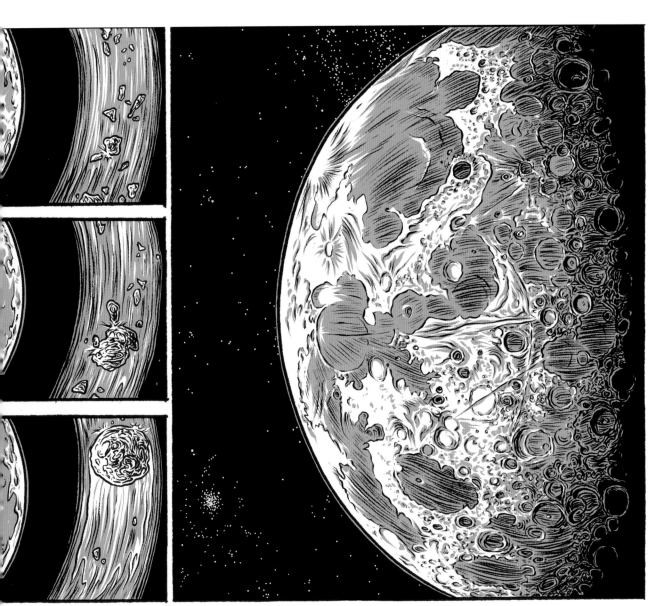

過原始地球的隕石，拖曳出一大片液態岩石以及礦物，在地球周圍形成一圈圓環。這些物質持續凝聚，直到形成一顆新的天體才停止，就是月球。

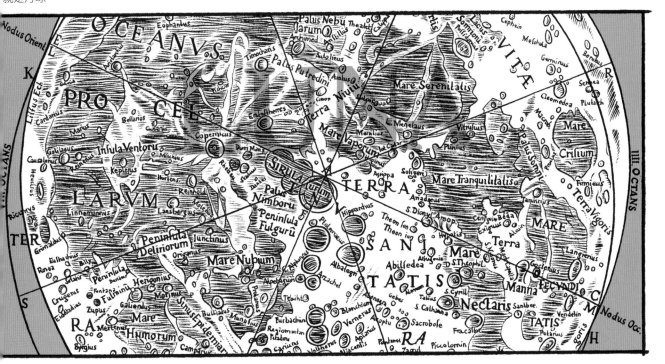

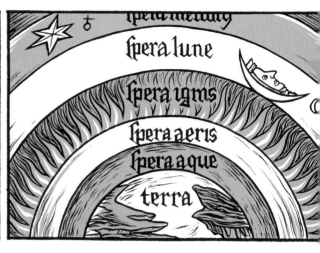

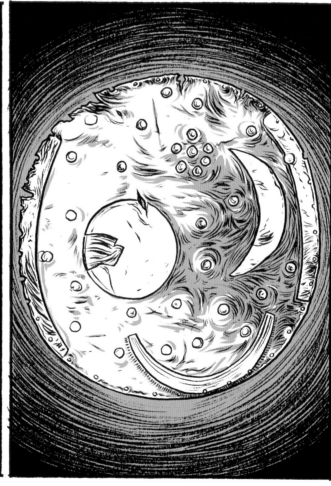

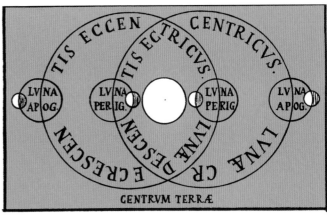

從此，地球就有了個步履蹣跚的小跟班。

它也是太陽在光線跟重力方面的競爭者。

6億年之後，月球中心將整個冷卻。

地球躁動的表面仍持續變化。

月球對地球具有煞車般的作用。在那時，地球自轉速度比現在快了五倍之多，也只距離地球3萬公里，不過是今日距離的十分之一而已。

太陽系的「運行機制」至此算是齊全了。

Senior　　Adolphüs

彼此依賴又拮抗是該系統的特色。

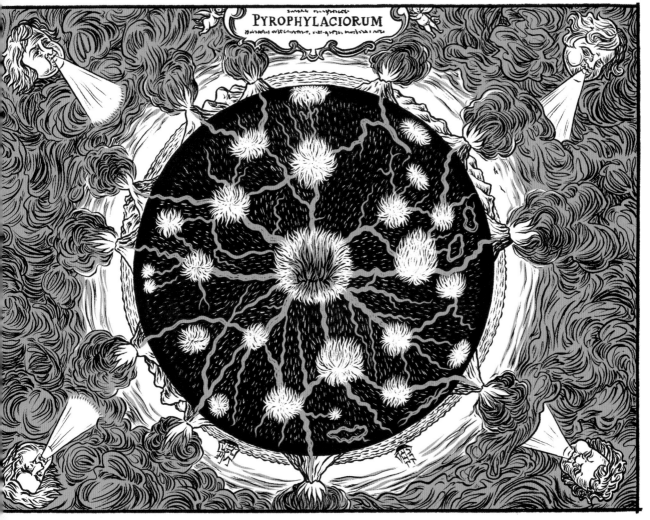

PYROPHYLACIORUM

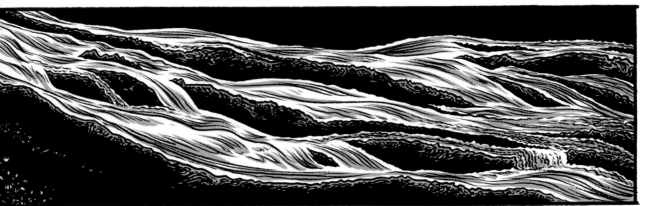

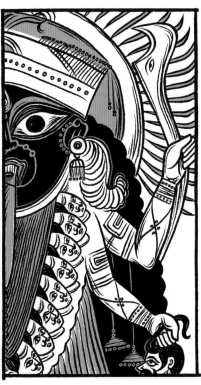

薄薄的矽酸鹽首先形成第一層地層。它此時還非常脆弱，不斷自裡面或外面扯裂。

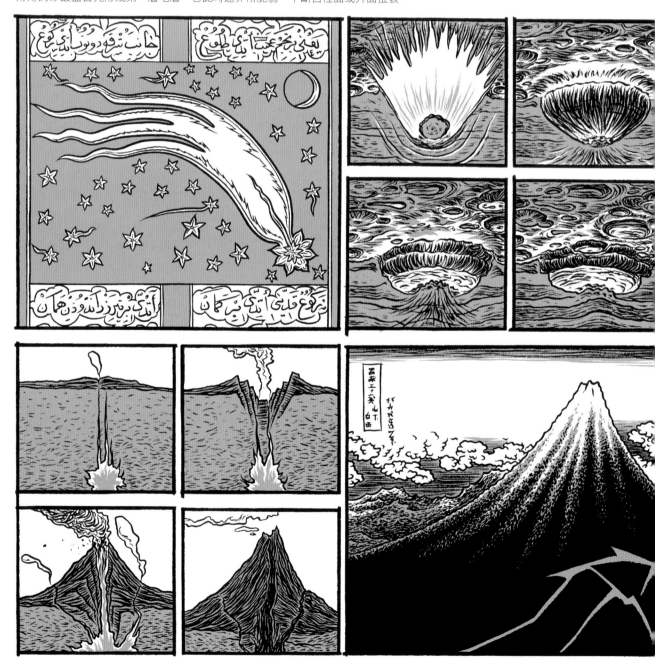

火山有如攪拌器，不斷將地底深處的岩漿帶到上面。

岩漿僅會暫時形成地表，隨即回歸原處。

地表穩定性不斷受到劇烈挑戰。直到許久之後它才會冷卻硬化。

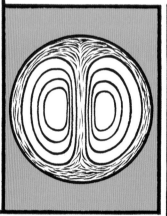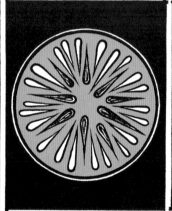

放射性物質使地球內部保持沸騰狀態。　　　　　　　　　其組成物質則開始分化。

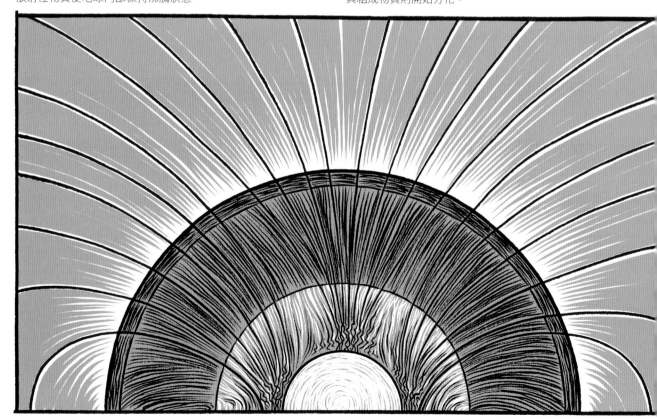

轉力量推動液態鐵外地核，繞著密度極高的固態鐵內地核開始旋轉。

個巨大的馬達產生一股磁場……

……如同可以抵擋宇宙射線以及太陽閃焰的盾牌。

卻完全擋不住隕石。

唯有月亮能偶爾擔當地球的護盾。

地球已經4億歲了，卻仍然不利生命發展。

它的自轉速度過快，一天只有五小時。

原始大氣層裡的氫氣要很久才會完全消失。

地球還是宇宙射線和各式衝擊的攻擊目標

溫度差異過大，造成許多巨型龍捲風。

新形成的大氣層混和二氧化碳以及其他氣體，充滿毒性。

從地殼釋出的水蒸氣令這座巨大的溫室更炎熱。

陽尚未火力全開，因此在厚重的氣體籠罩下，地球又熱又暗。

過地球最終仍冷卻下來了，溫度降到1百度以下。

積如山的雲朵總算可以卸下重擔。有史以來，天上下了雨……

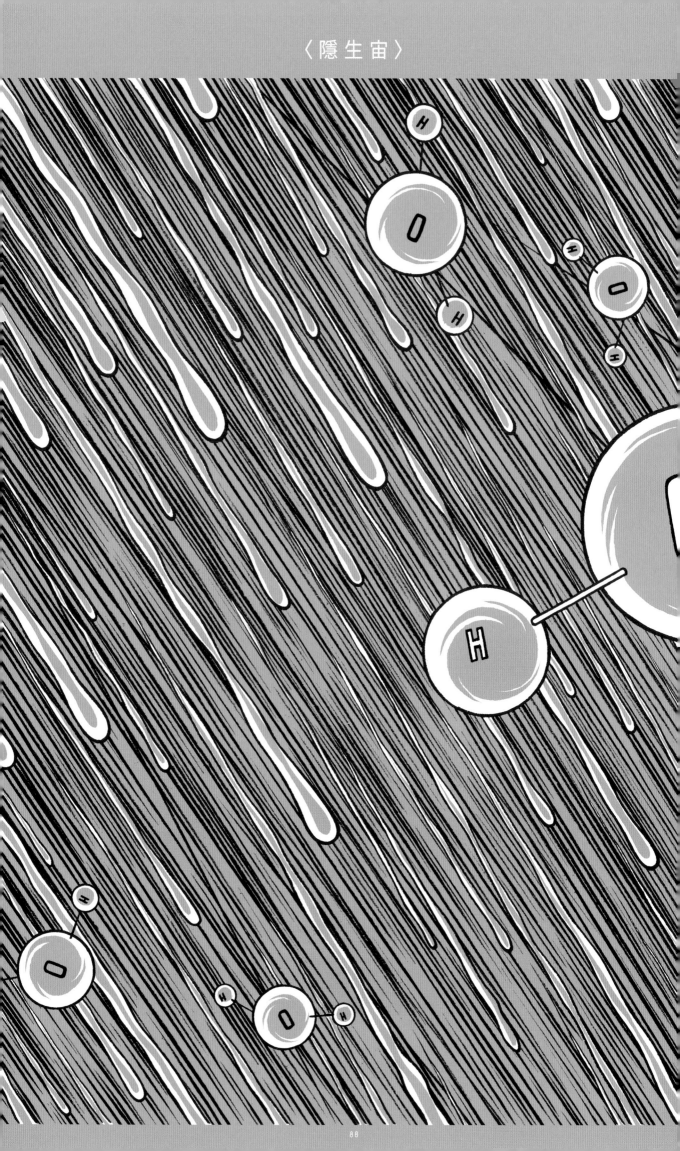

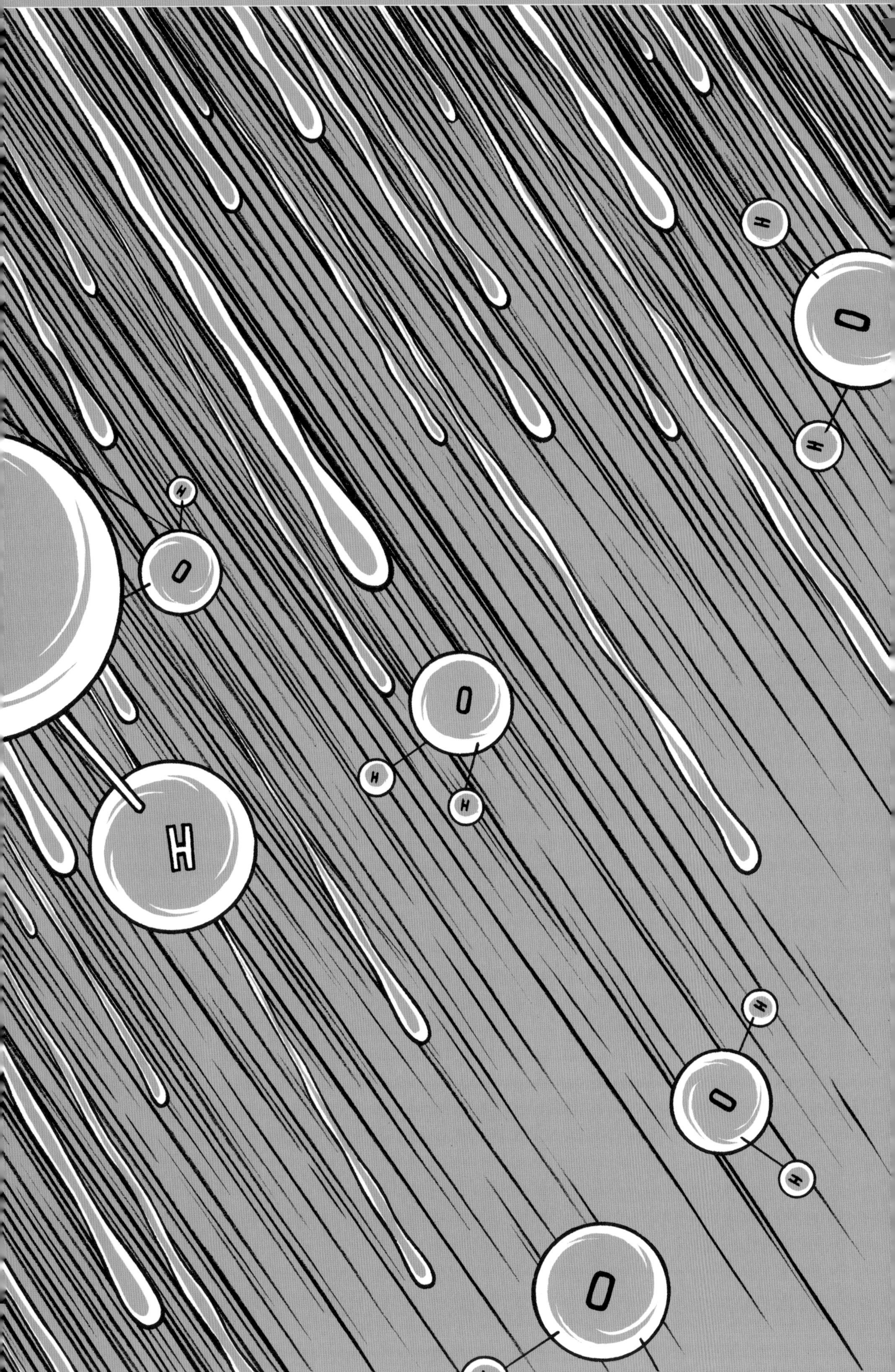
H
O
H
H
O
O
H
H
H
H
O
H
O

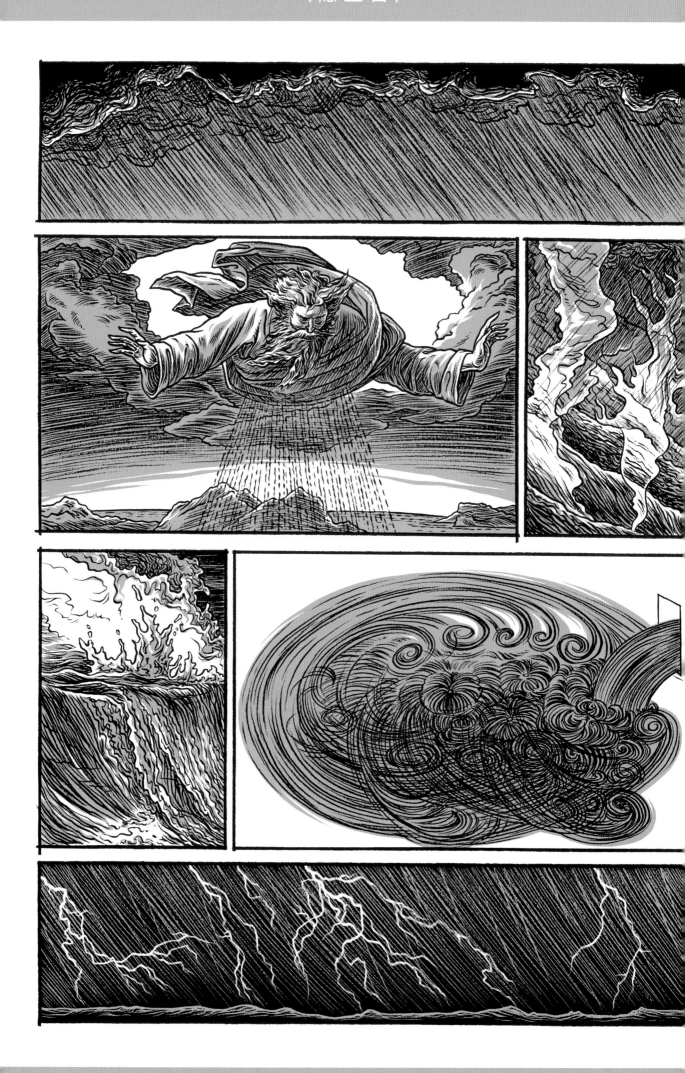

傾盆而下的大雨重擊地面，迅速填滿地表最初凹陷的地方並向外溢。冷卻岩漿組成的水壩無法承受如此大的水體重量，紛紛被壓垮潰堤，水的體積越來越大。

過水一碰到仍然熾熱的地殼就馬上蒸發。原始的海洋只能點滴慢慢形成。

數百萬年後，海水終於完全淹沒低地；過往高聳入雲的火山尖，在原始海水的掩蓋之下變成無關緊要的群島。

旦所有的水蒸氣都化爲雨水落下，地球表面看起來就像是完全被水淹沒。

了一處地勢比較高的區域仍膽敢挺身對抗巨浪。

這是最早的大陸，尚未有名字。

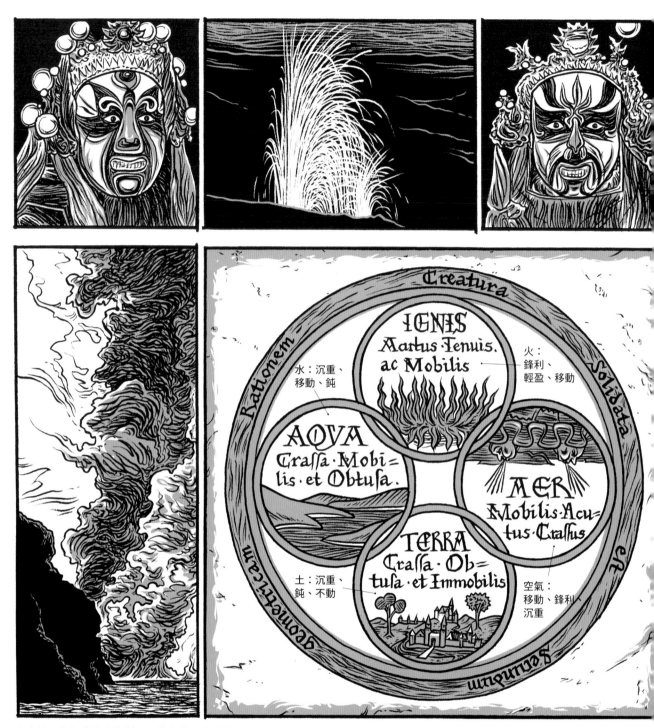

大自然元素組成的交響樂團至此完備,暗中的較勁早已展開。

將蒸發、沉澱、侵蝕等作用連結起來,開始循環運作。

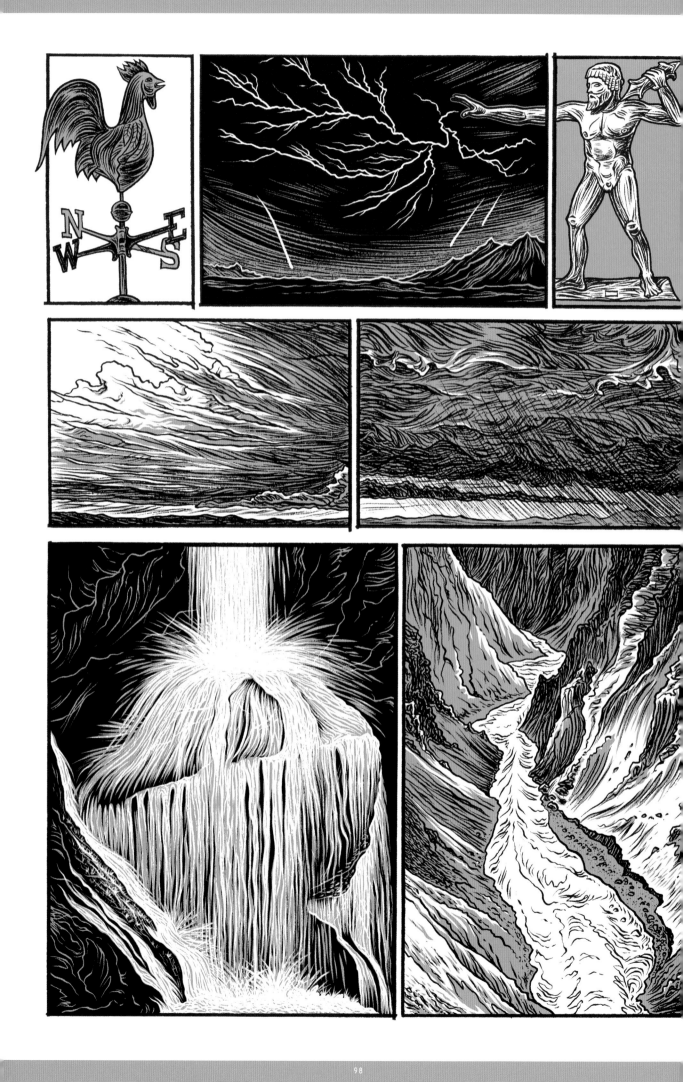

海上の不二

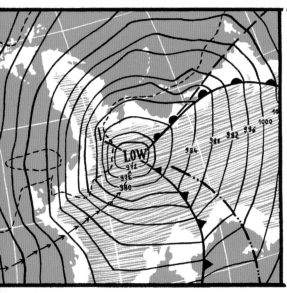

地球的地殼不停更新──水和風持續磨蝕被地底熔岩煙囪帶到地表的物質。

然後堆積於別處。　　　　　　　　　岩石就是如此形成的。　　　　　　　各式各樣的土壤也是。

此時，地函裡也開始形成對流，並影響到表面的地殼。

岩漿如陀螺儀般拉扯地殼。

造成板塊構造運動。

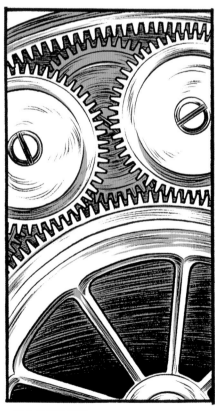

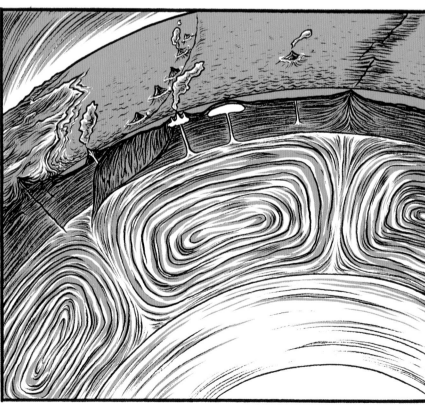

一切自此開始移動。

各大陸彼此碰撞、消失，又從別處再生。

3. 冥古代

46億年前

地球形成，剛開始的時候它的大小與火星可堪比擬，原始大氣的組成主要是氫氣與氦氣的混合體，很快地就全部散逸到太空中了。在隨後的6億年中，小行星持續轟炸地球，促使它長成一顆直徑1萬2千公里的球體。在一次與另一顆原行星的撞擊事件中，失去準頭的原行星扯掉地球大量的物質，這些物質後來在地球周圍形成一個環，隨後又慢慢凝聚在一起，形成了地球—月亮系統。

46億年至42億年前

小行星轟炸所帶來的能量、放射性物質衰變以及太陽輻射漸漸增強等原因，都讓年輕的地球越來越熱。液態的金屬地心（主要成分是鐵、矽與鎳）漸漸與較黏稠的地函分化開來。當地球自轉時，地函也開始圍繞地心旋轉，結果形成一股保護性的磁場；不過這也讓地函內部形成循環流，進而推動大陸漂移。由矽所組成的輕薄地殼不斷受到含冰的隕石撞擊。這些隕石帶來的氣體以及火山活動不斷將地函物質和氣體噴發而出，形成新的有毒大氣層。新的大氣層含有70%的水蒸氣，除此之外主要是硫化氫、甲烷、氨以及二氧化碳，氧氣則完全不存在。此時的地球充滿輻射、巨大的龍捲風，還有強烈的溫室效應。

42億年至40億年前

地球開始形成最早的岩石地殼，非常脆弱，經常因為不同的撞擊而被撕扯開。劇烈的火山活動不斷將岩漿、氣體與水蒸氣帶到地表。此時地球溫度已經降至1百度以下，傾盆大雨開始落下，最終讓地球變成一顆水球，最原始的海洋從此形成。一旦水循環開始作用，年輕的地殼很快就受到侵蝕，也開始形成最早的沉積岩。

41億年前

加拿大片麻岩形成。這是目前已知最古老的岩石。

40億年前

海水表面越升越高，帶給地殼極大的壓力，地函的流動也越來越激烈。在這些力量的影響下，地殼開始裂成許多板塊，最早的大陸形成。地球內部的岩漿流動則成為這些板塊構造運動的機制。

39億年前

磁場形成，使最古老的岩石磁化。

太古代

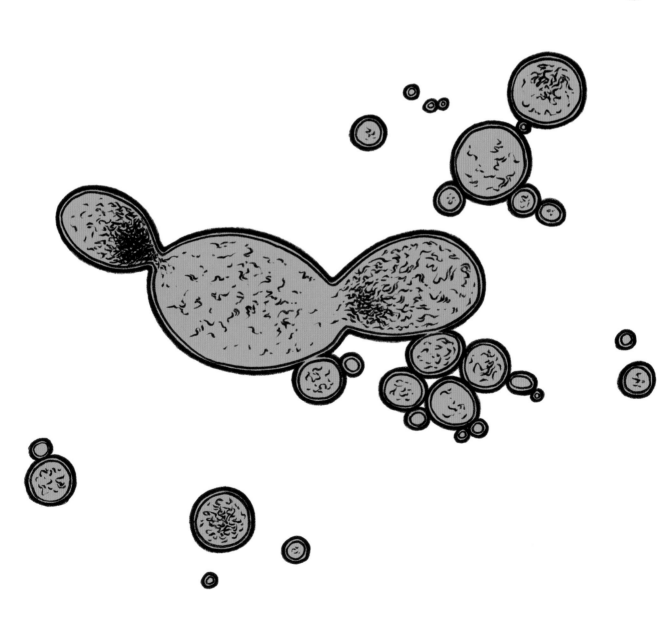

之後的幾百萬年內，我們稱爲地球的太陽系第三顆行星上一切平靜。

大陸漂移。　　　　　　　　　　火山創造新的高山。　　　　　　　　小行星鑿出隕石坑。

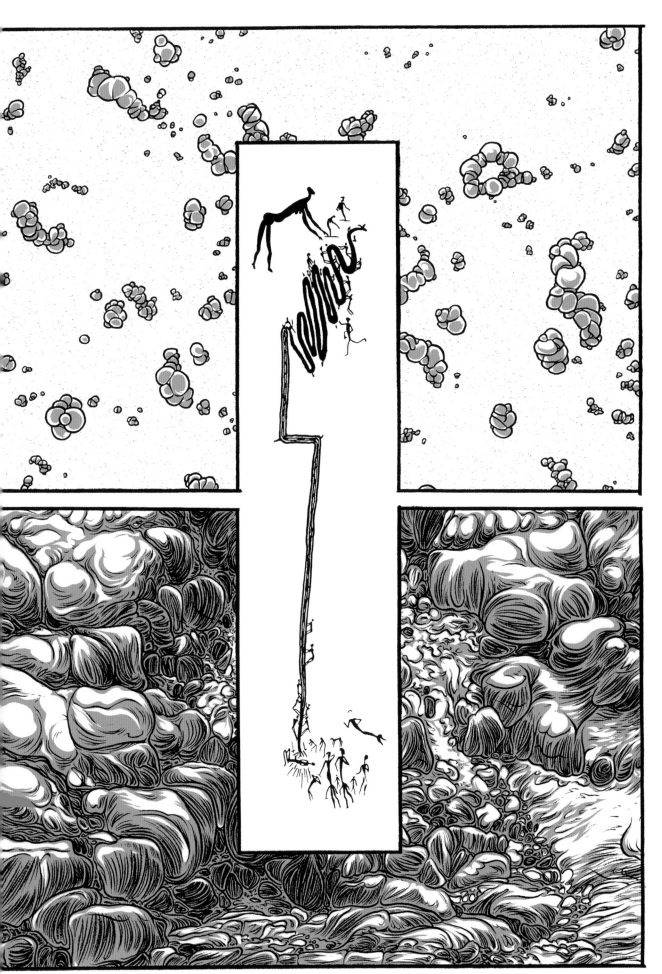

若以顯微尺度觀察，會發現一股革命正在醞釀。假使當時有路過地球的訪客，也是什麼都看不到的。

我們並不知道這場革命是始於池塘。

還是潮濕的灰泥中。

在深海活躍的火山煙囪旁。

抑或來自其他被污染的天體。

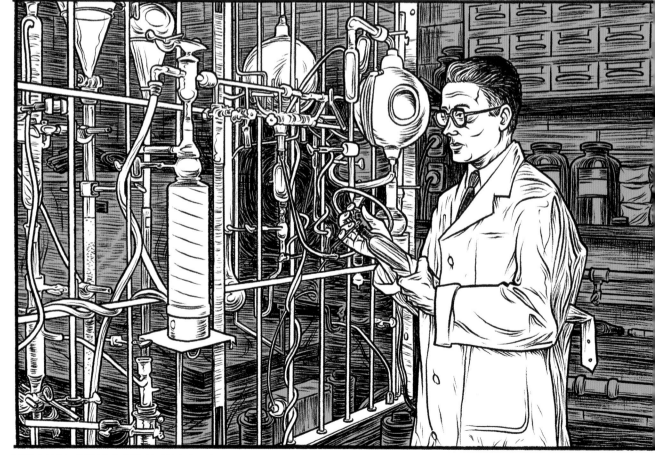

不穩定的原子透過催化劑的幫助結合在一起，形成無數複雜的分子。

氫、甲烷、硫化氫等令人欲嘔的氣體,全混在一個極小的空間中。

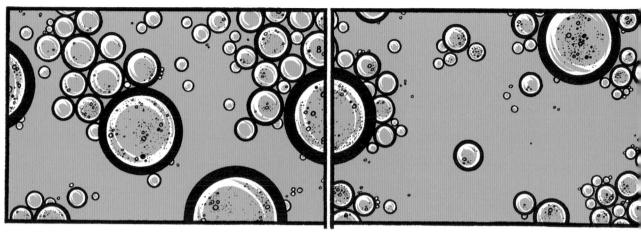

在合適的情況下，這些氣體會形成稍後被歸類爲「有機」的分子。

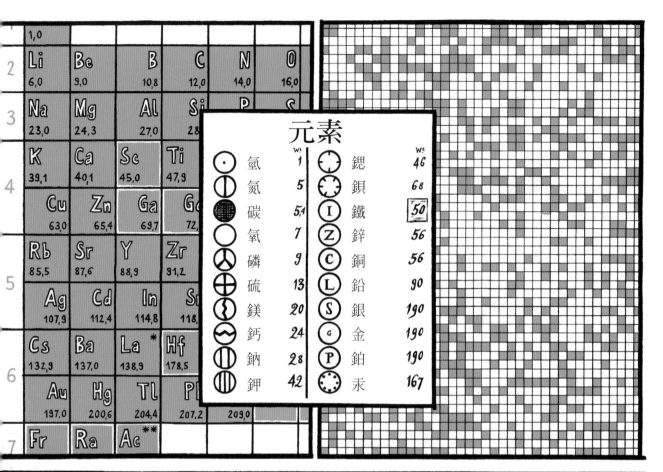

	1,0					
2	Li 6,0	Be 9,0	B 10,8	C 12,0	N 14,0	O 16,0
3	Na 23,0	Mg 24,3	Al 27,0	Si 28	P	S
4	K 39,1	Ca 40,1	Sc 45,0	Ti 47,9		
	Cu 63,0	Zn 65,4	Ga 69,7	Ge 72,		
5	Rb 85,5	Sr 87,6	Y 88,9	Zr 91,2		
	Ag 107,9	Cd 112,4	In 114,8	Sn 118,		
6	Cs 132,9	Ba 137,0	La* 138,9	Hf 178,5		
	Au 197,0	Hg 200,6	Tl 204,4	Pb 207,2	209,0	
7	Fr	Ra	Ac**			

元素

		Ws			Ws
☉	氫	1	鎴		46
	氮	5	鋦		68
	碳	5,4	鐵		50
	氧	7	鋅		56
	磷	9	銅		56
	硫	13	鉛		90
	鎂	20	銀		190
	鈣	24	金		190
	鈉	28	鉑		190
	鉀	42	汞		167

angere Ketten, die Proteine. Die wiederum sind oft mit Seitengruppe

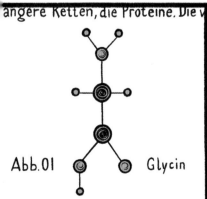

Abb.01　　　Glycin

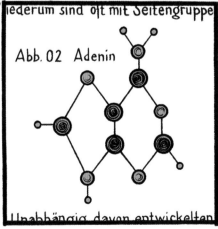

Abb. 02　Adenin

esonders stabile Verbindungen? Unabhängig davon entwickelten

基酸從此現身。　　　　　　　還有核鹼基跟核苷酸。　　　　　　以及首批醣類分子，比如糖。

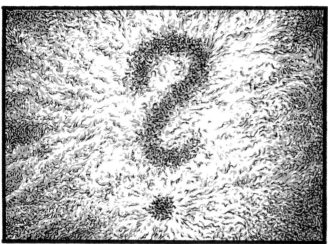

這些成分不斷以前所未見的方式組合。

但若處於不利的環境,很快就會分離。

不利的因素非常多:過熱或過冷、有毒氣體、高壓、電擊,或各種致命的輻射。

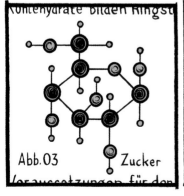

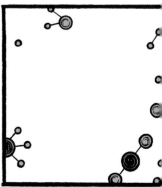

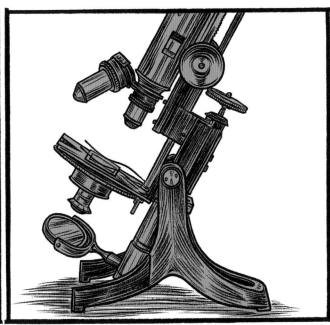

過這座巨大的實驗室永不打烊。

連續的逼近法終會創造出新的原型分子。

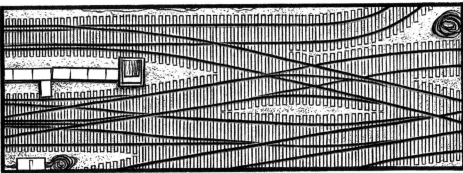

來越長的分子鏈、穩定的分子鏈,能自我複製的分子鏈。

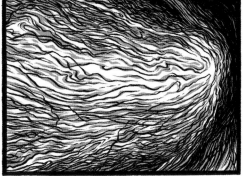

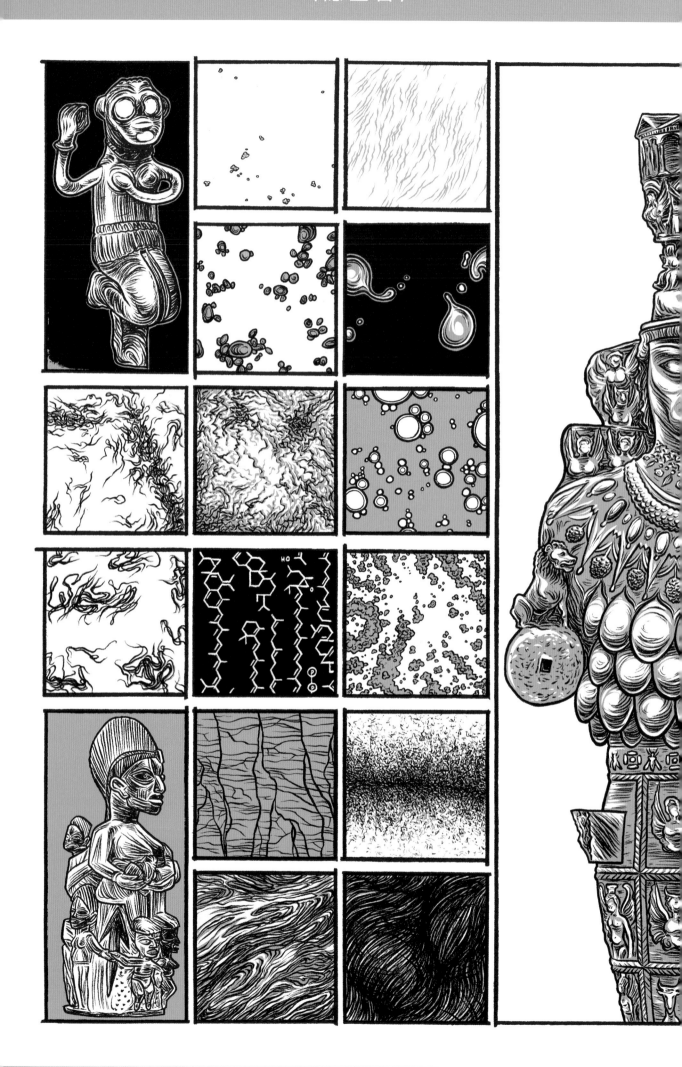

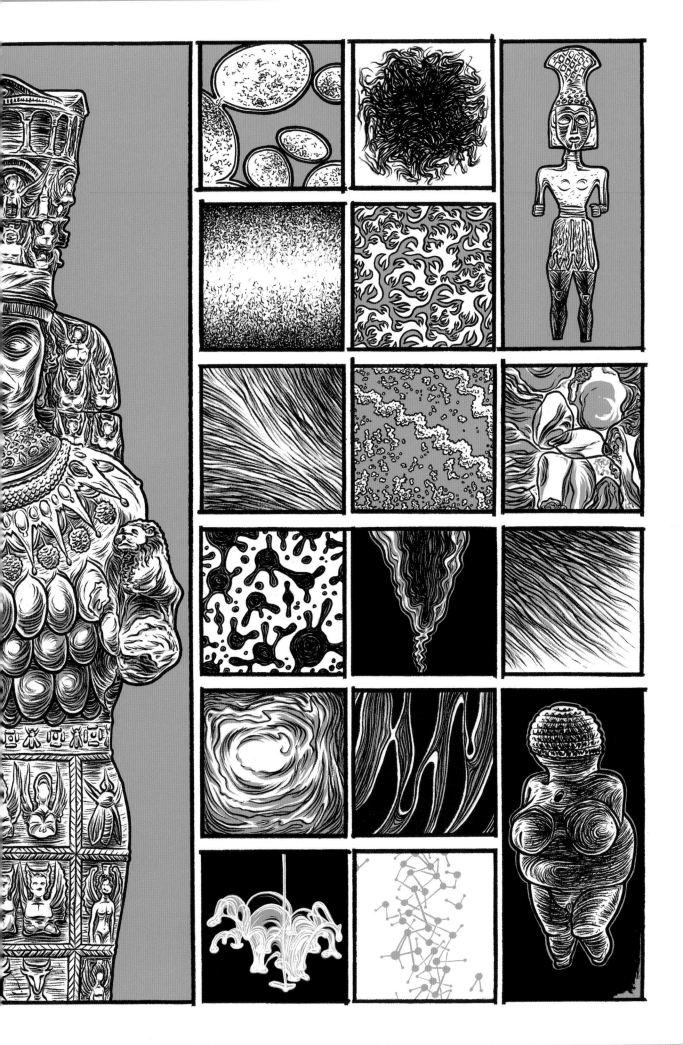

不過那位想像中的訪客仍然什麼也看不到。還得再等幾億年……

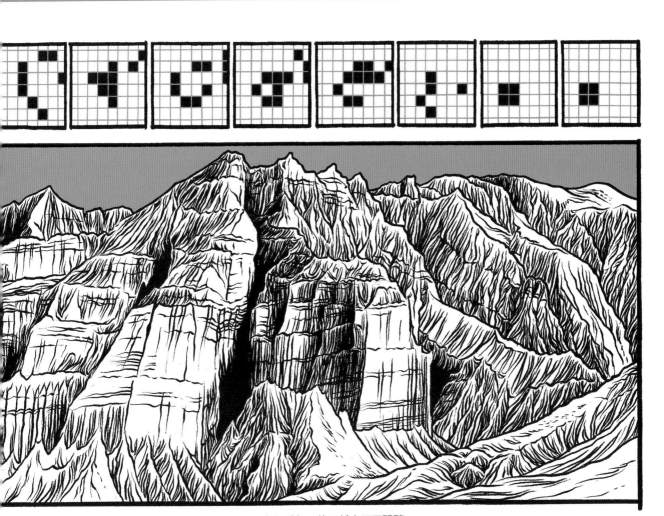

…才能看到原始生命的品質大躍進。不過,有些東西正在沉默如石的平靜表面下醞釀。

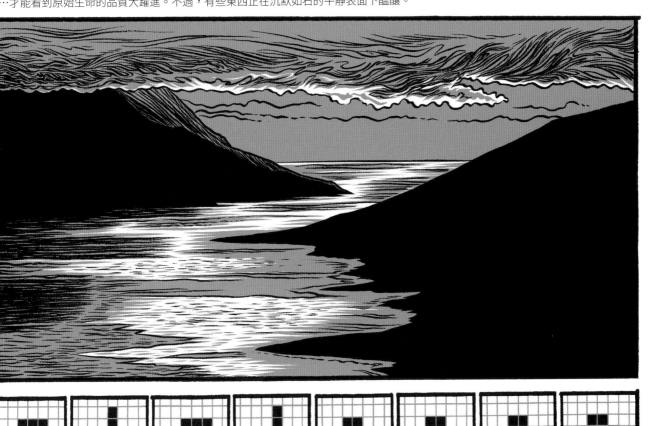

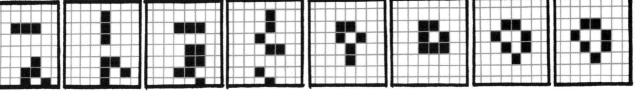

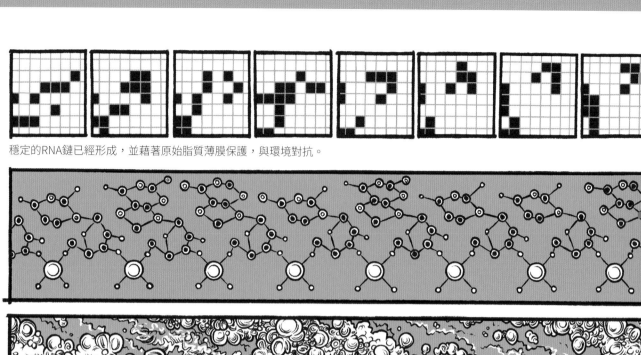

穩定的RNA鏈已經形成，並藉著原始脂質薄膜保護，與環境對抗。

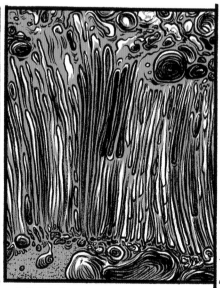

它們成長、分裂。　　　　　　　　吸收物質與能量。　　　　　　　改進自己的結構。

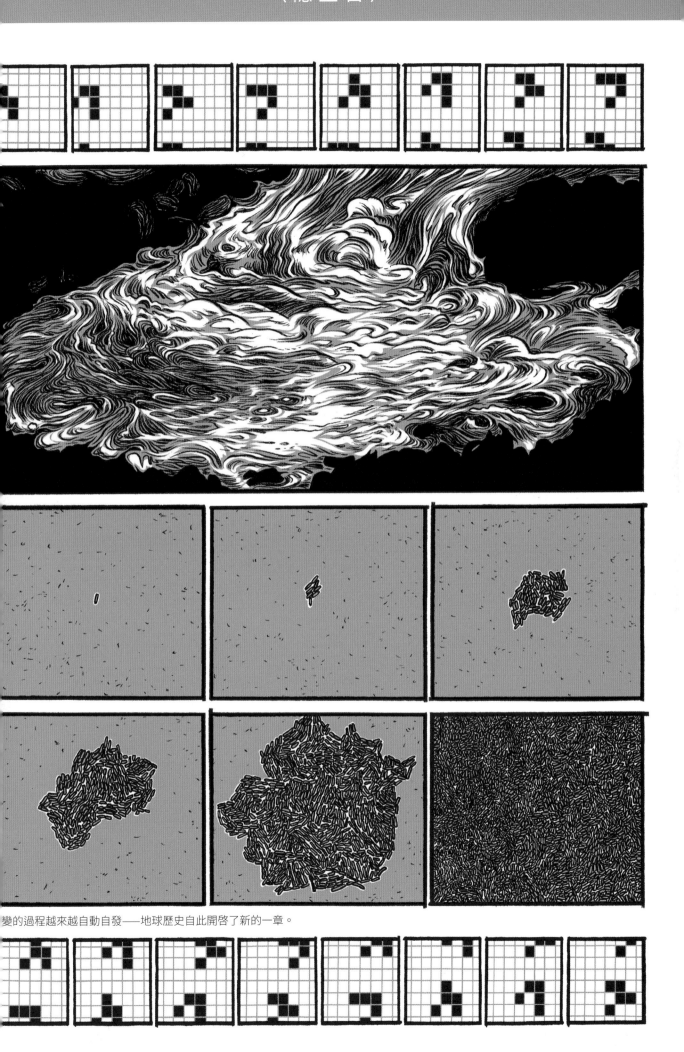

變的過程越來越自動自發──地球歷史自此開啓了新的一章。

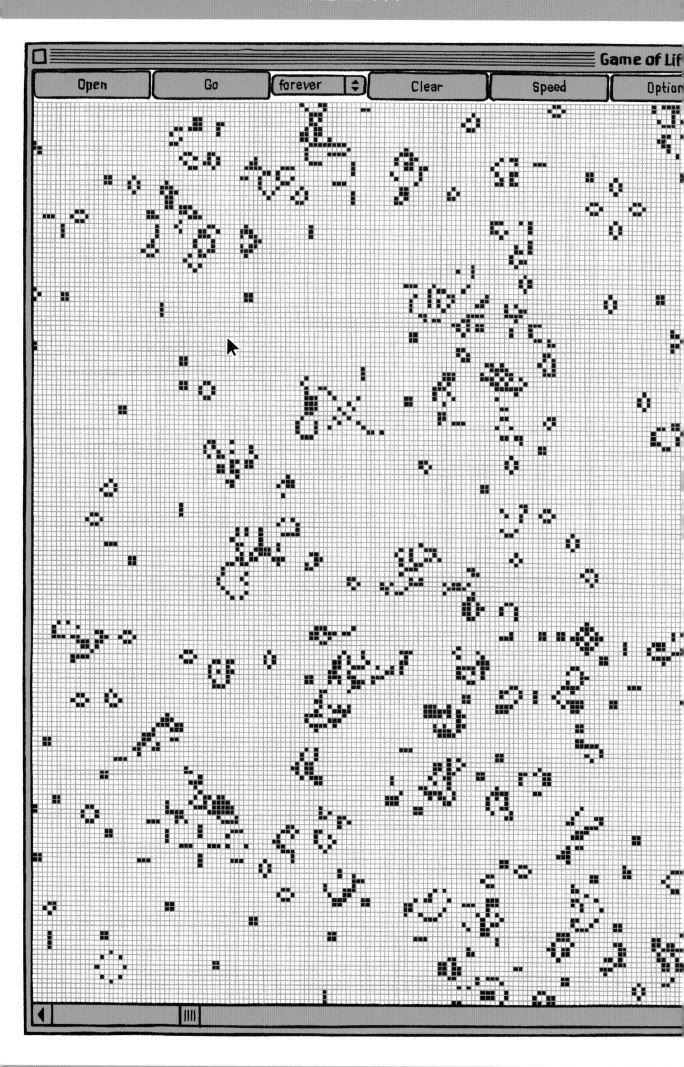

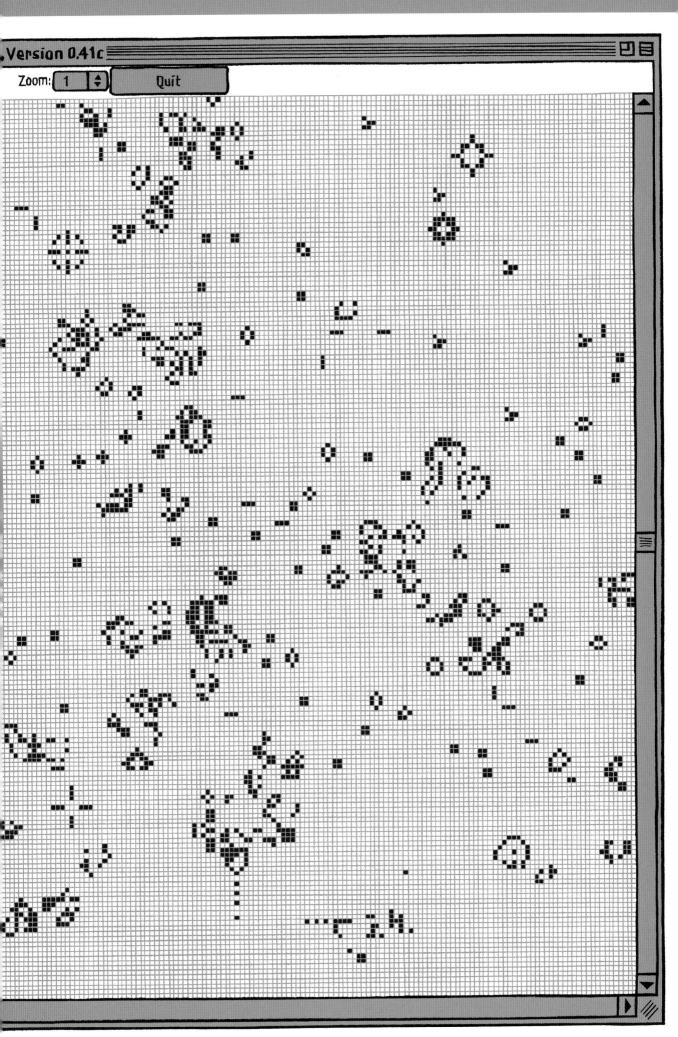

*生命遊戲應用程序，0.41C。

多樣矽藻形成的聚落要很久以後才會現身，此時原始海洋裡尚無居民。

但海洋的體積仍持續增加，因為它們不斷無情地啃蝕送到它們眼前　　　　沉積物和分量越來越多的鹽類溶解在水中，變成海洋基本物質。
的土地。

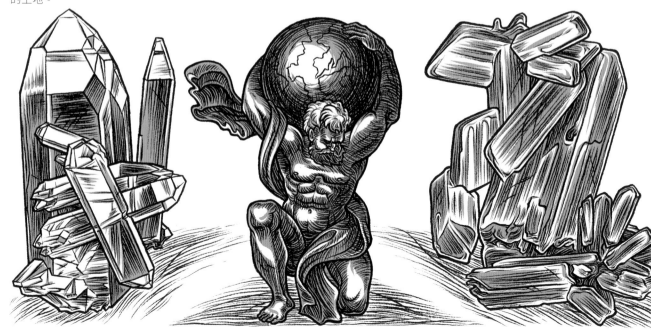

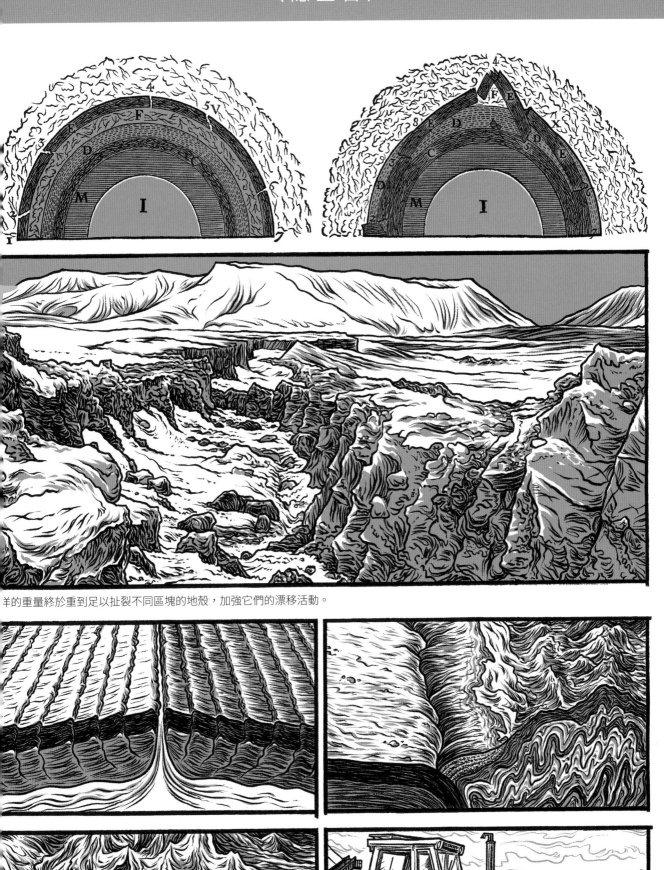

羊的重量終於重到足以扯裂不同區塊的地殼,加強它們的漂移活動。

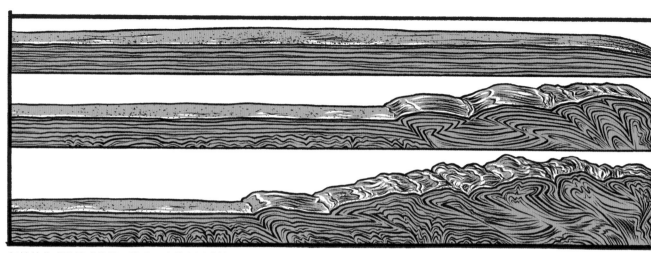

板塊彼此或碰撞或堆疊，造成巨大的山脈或地震。

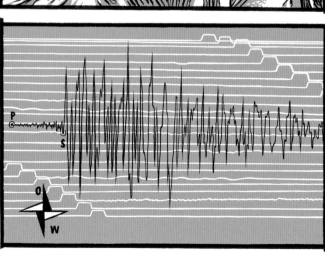

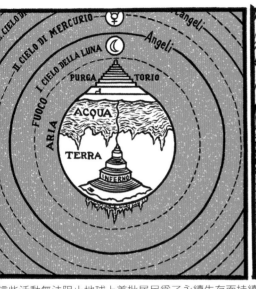

這些活動無法阻止地球上首批居民爲了永續生存而持續發展。

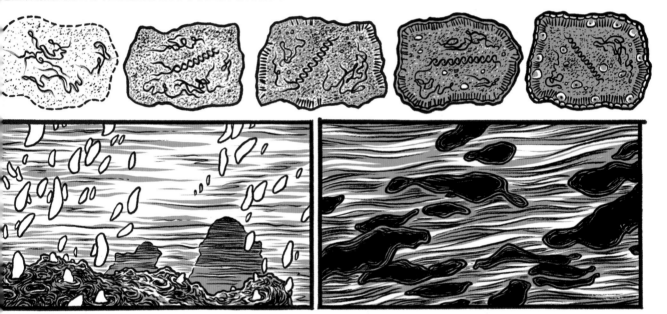

們的身體分化後出現新的構造，數據安全性也增強了。

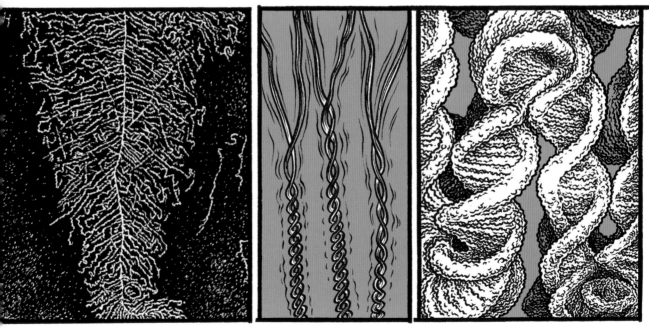

重保險強過一個——單股的原始DNA互相連結，形成雙股螺旋。

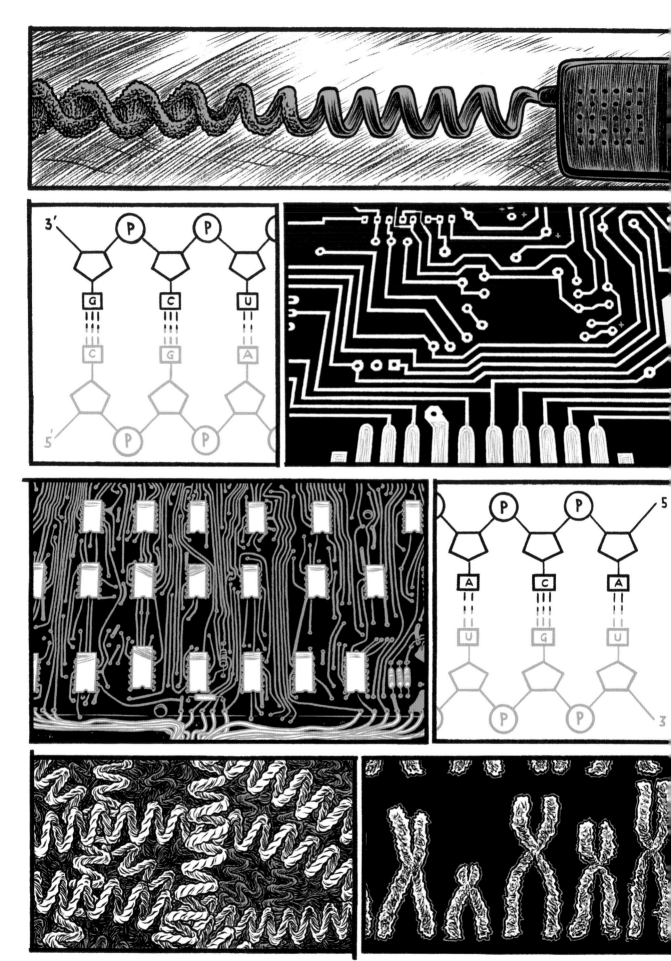

雙螺旋變得越來越複雜，很快便無法滿足於單只是自己合成蛋白質。 它們成了所有基因組成的基地，是其擁有者體內完美的建築藍圖

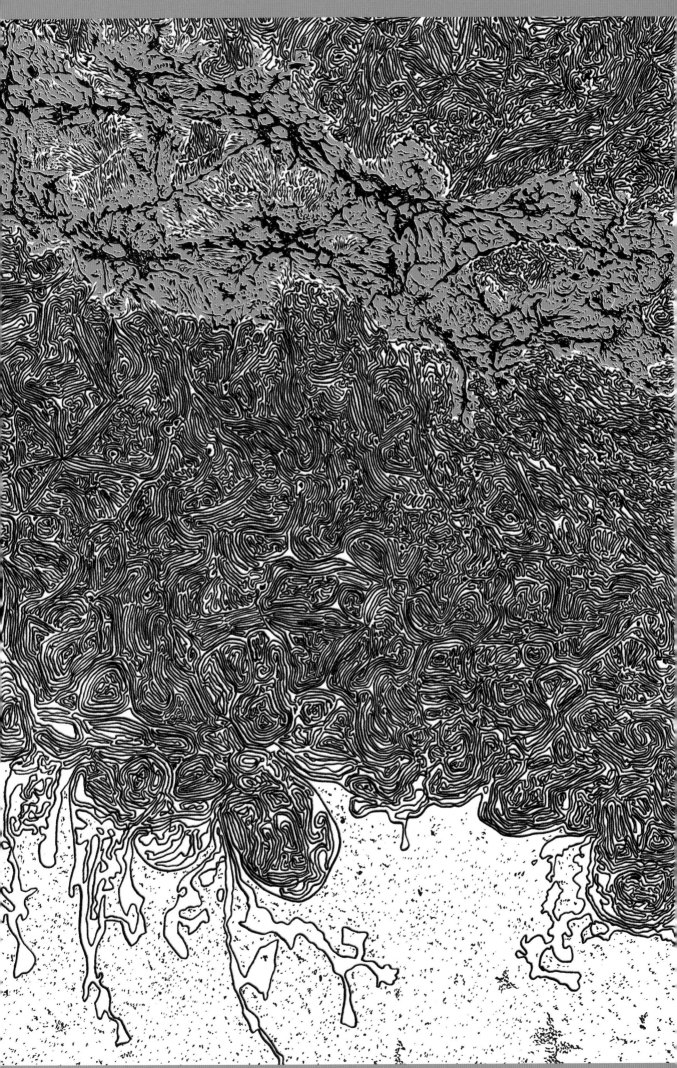

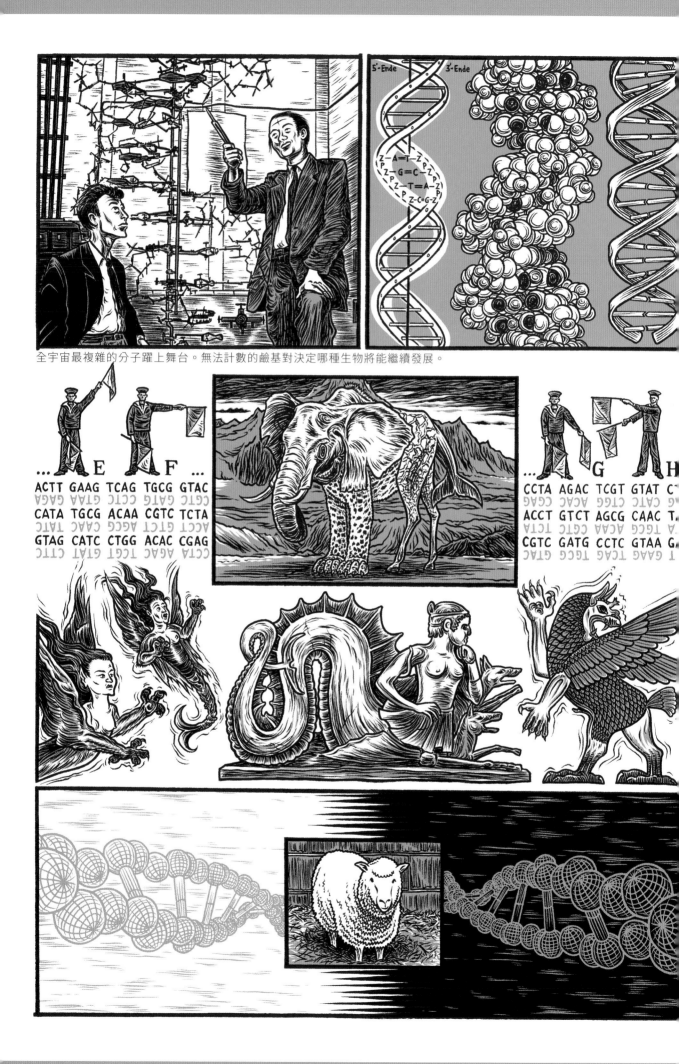

全宇宙最複雜的分子躍上舞台。無法計數的鹼基對決定哪種生物將能繼續發展。

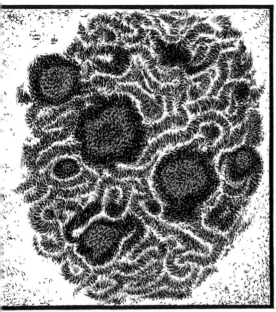

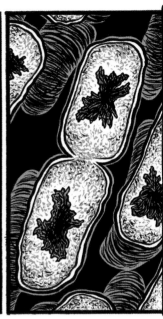

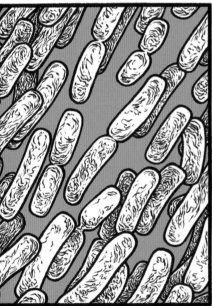
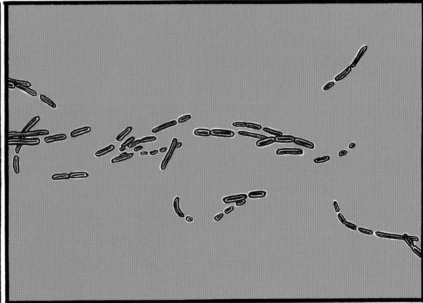

始生命掙開初期的枷鎖，受到持續的突變鼓動，開始全速散播。

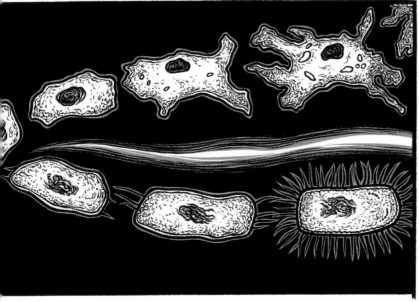
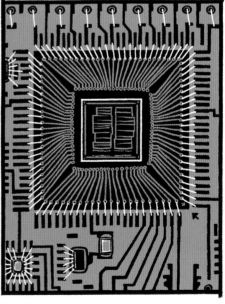

物朝各種方向發展——其中一支會成爲首批統治地球的生物。

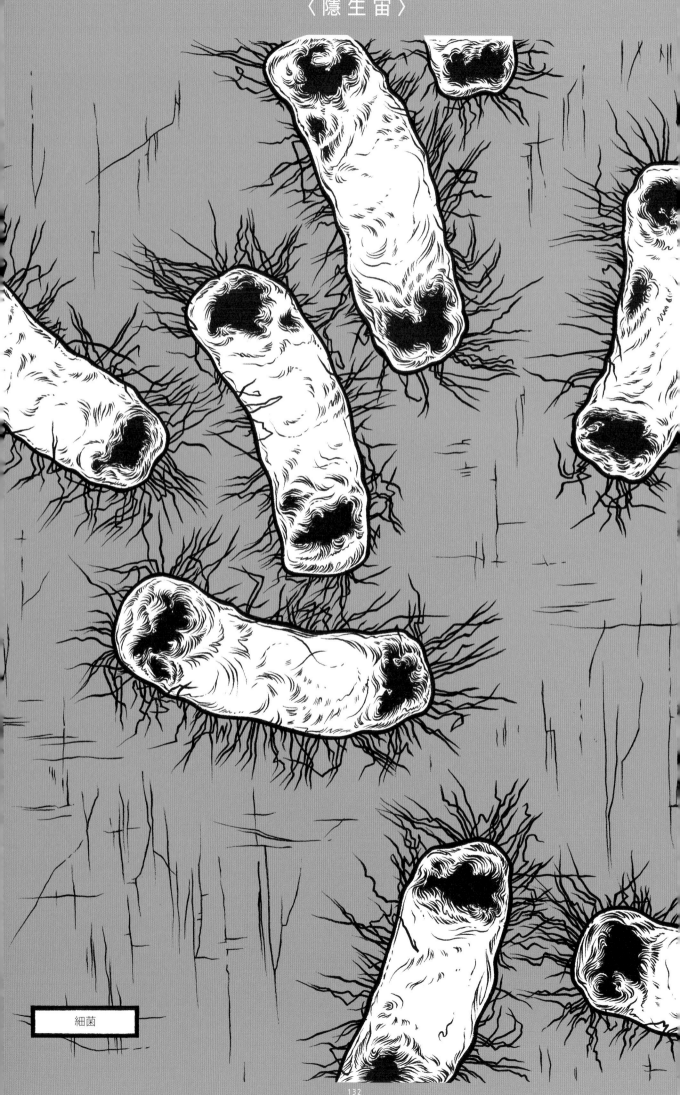

細菌

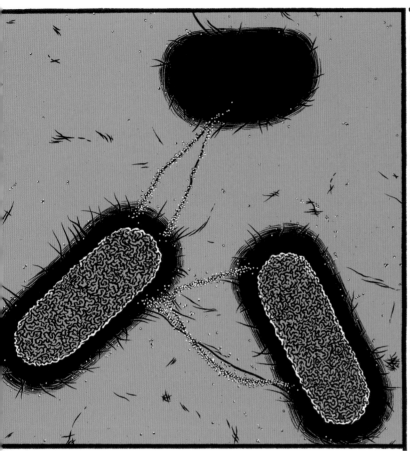
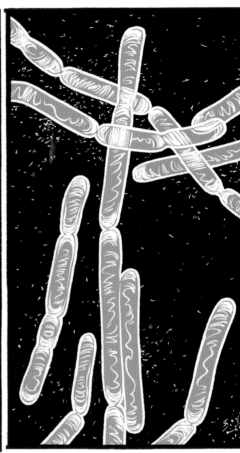
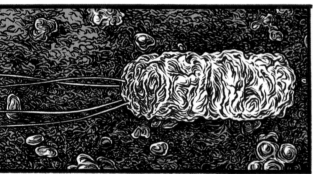
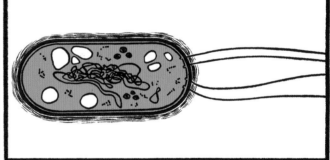
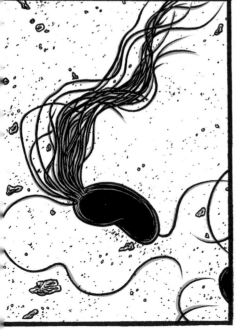
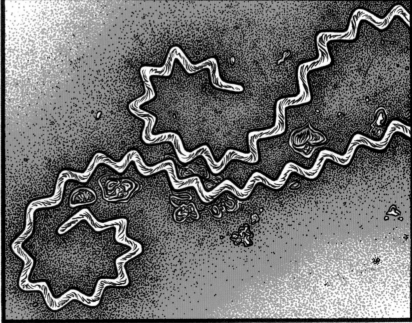

它們很快蔓延整顆星球。海底各處增生形成黏膜菌落和稠糊的地毯。

些地球主宰者大幅改變了環境。從最早的化石層來看，它們創造新的岩石，留下量大得令人難以置信的礦物質——這就是未來的礦床。

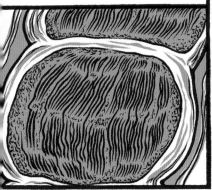

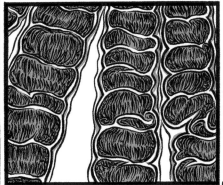

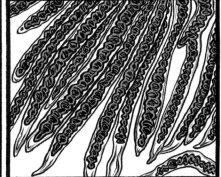

比起在更高的大氣層中將會發生的劇變，這些改變根本不算什麼。

細胞體內出現的種種革新令其食物來源更多樣化，葉綠素使光線變得「可以食用」。

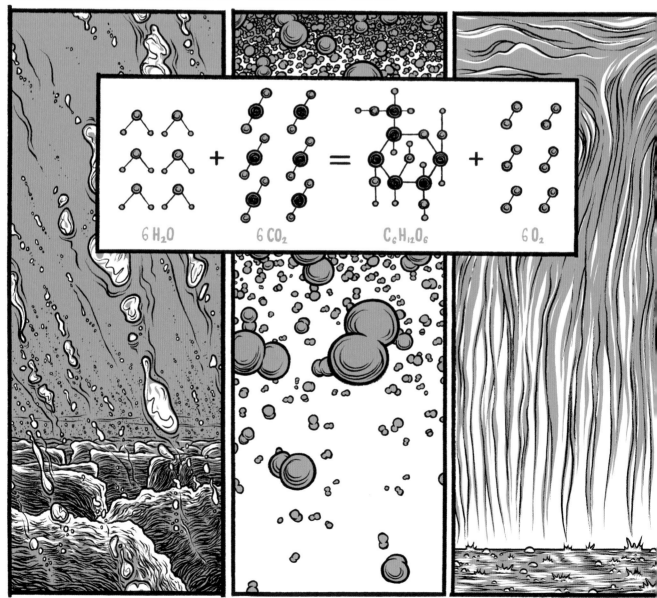

這就是光合作用的起源。厚重的藍綠菌層不斷產出純氧「毒化」大氣層。

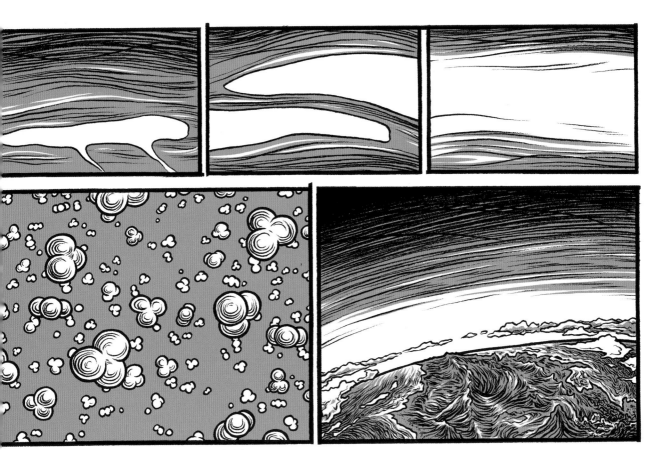

部分氧氣變成臭氧層保護地球，不受宇宙射線的攻擊。

3. 太古代

39億年前

大陸極緩慢地漂移，在板塊的相臨接處一點一點地促成造山運動。水循環不斷將地殼中的鹽類沖到海水中，增加海水的鹽濃度。

38億年前

生命所需的各種必要元素合成出第一個複雜的有機分子，化學革命就此展開。這場革命造就了許多可以自我複製的大分子。

33億年至30億年前

第一批生物登場，它們是沒有核的細胞（原核生物）——如今日的細菌跟古菌——是一種原始生命形態，雖然不會留下任何化石，但是已經開始行光合作用了。它們形成最早的疊層岩以及地殼岩石中的礦石。大氣中漸漸充滿了氧氣，然後在大氣層外面形成一層臭氧層。

27億年至25億年前

完整而堅固的地殼終於成形完備，它看起來就像由許多移動的板塊組成的馬賽克拼貼，浮在地球表面一般。這些板塊的漂移跟碰撞造成了新的山脈。第一個陸核首先從海中浮出。

元古代

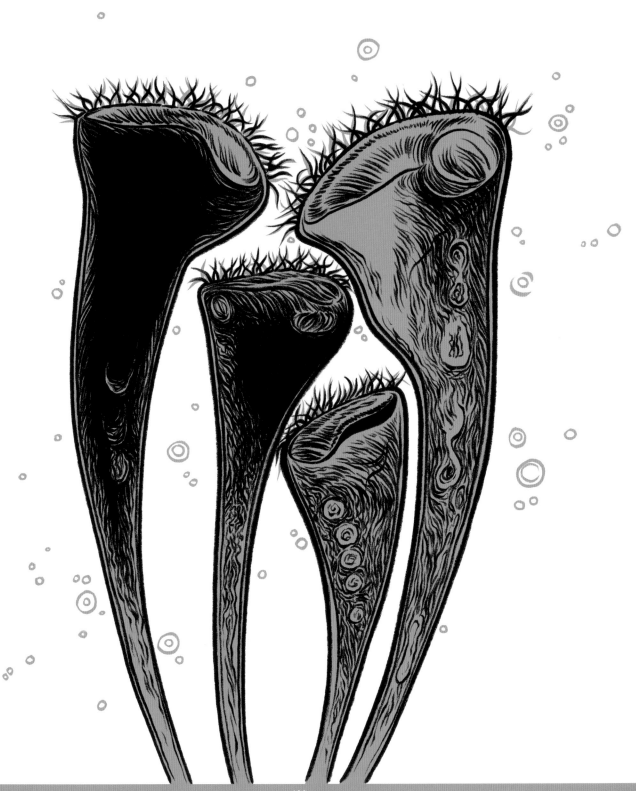

生命：是富機動力的組織，
征服全地球的模範。

它敏感複雜，不斷循環且永不停止發展。

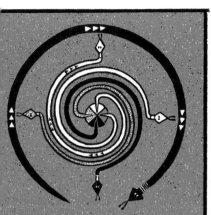

是能經得起時間以及熵定律考驗的結構。

它是源自太陽，令人眼花撩亂的生物圈網絡。

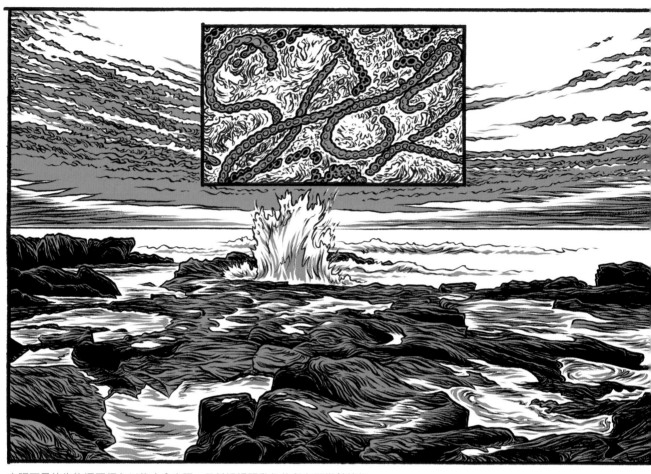

肉眼可見的生物還要很久以後才會出現，目前這場騷動仍停留在顯微鏡等級。

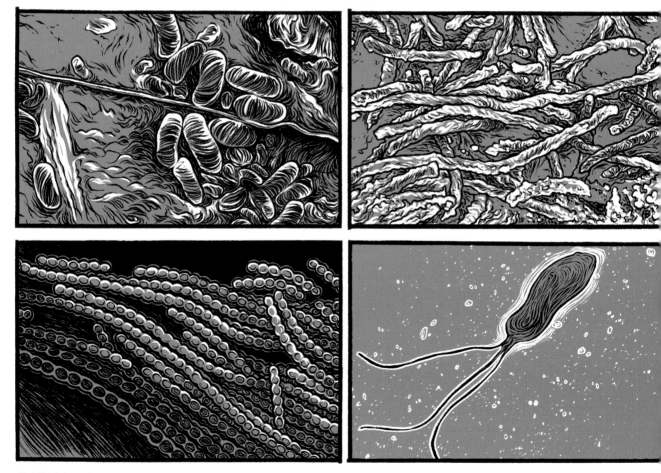

此時地球由細菌主宰──構造原始，型態有限，卻有很大的成功機會……

環境中快速增加的氧氣，消滅了當時地球上大多數的首批生物。

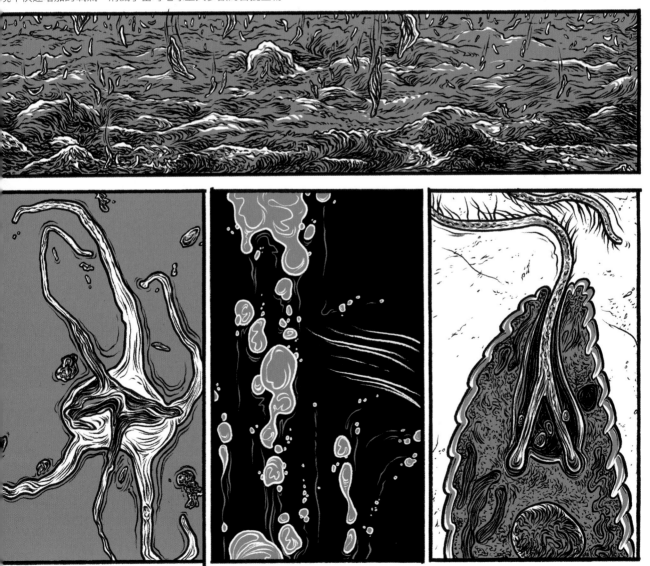

有少數生物靠著適應、逃脫，或是依賴其他生物為食，逃過這一劫。

在協力創造出生命,以及推遲了不可避免的熱力學平衡到來的那一刻之後,
這些化學成分開始組成最有利的共生網路。

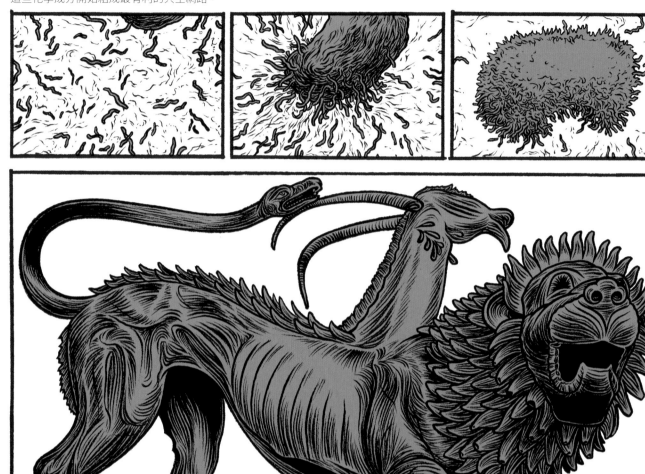

有些生物自其他生物獲得自己缺乏的東西:能量或食物、機動性或保護性、僞裝、體型或是力量……

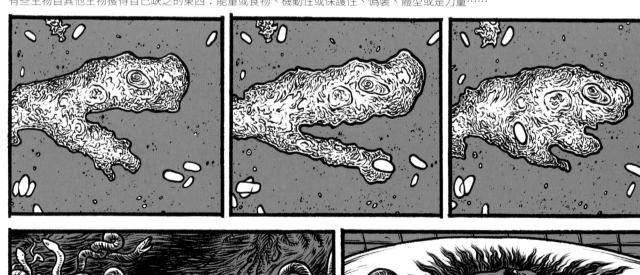

「吃或被吃」的遊戲有了新樣貌。

因爲有些受害者轉身成了偷渡者。

們藉著難以消化的外殼保護，變成有抗性的物種，並發展出共生策略。

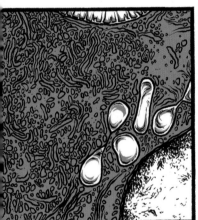

們慢慢地融入。　　　　　　　　成爲未來植物體內的葉綠體。　　　　　或植物與動物體內的粒線體。

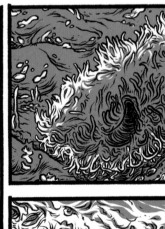

發展出現了——嶄新的生存模式應運而生，演化品質大幅躍進。

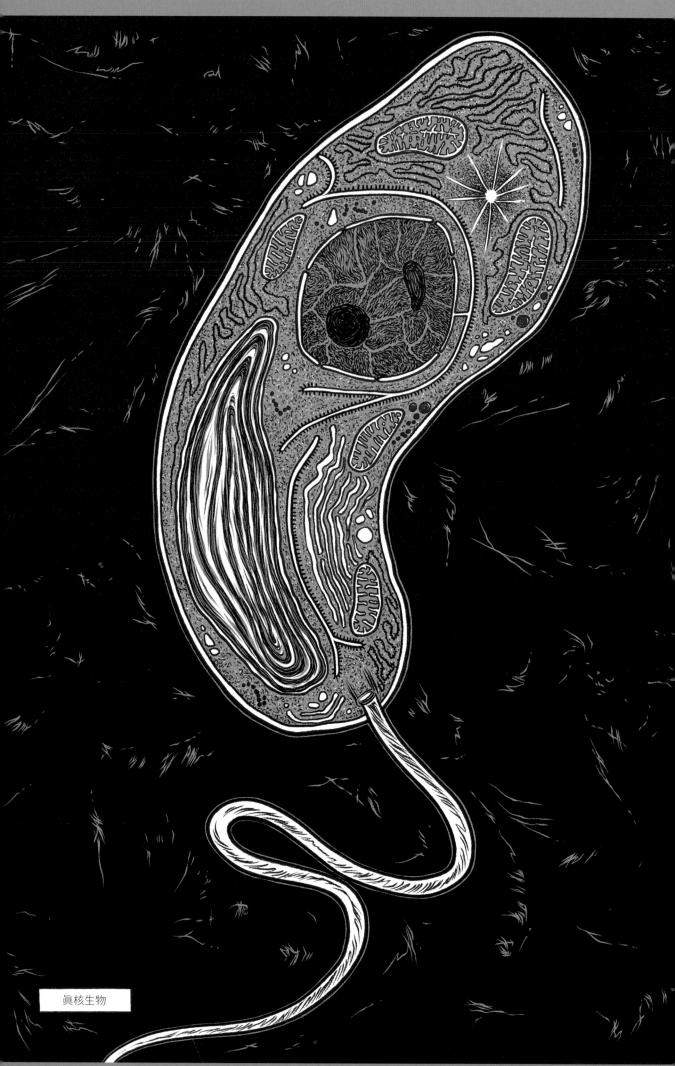

眞核生物

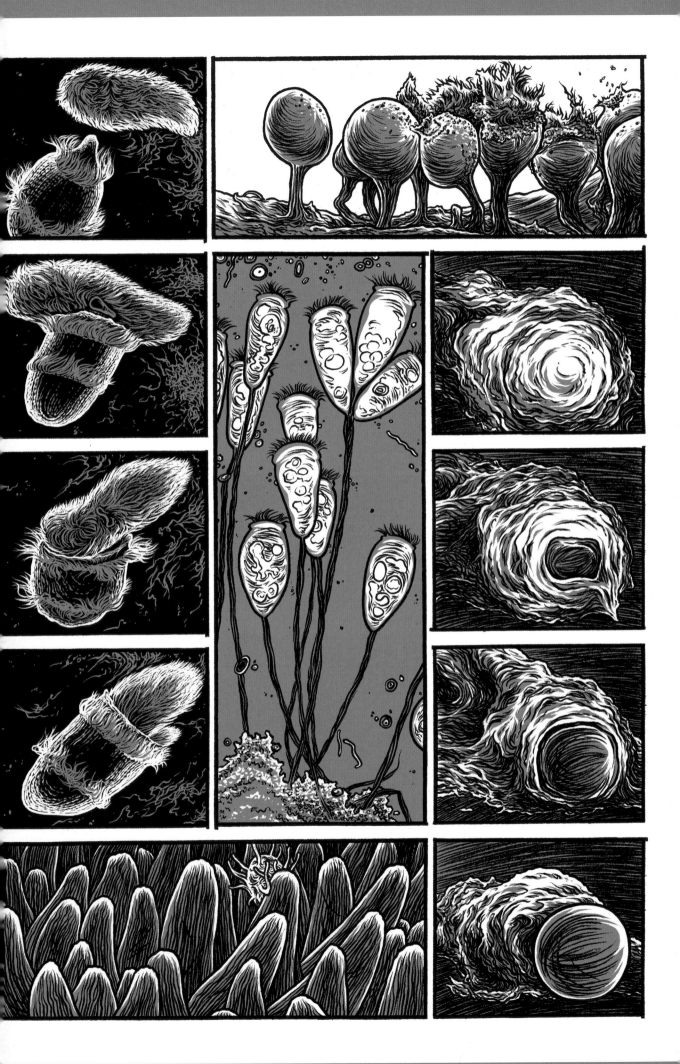

生物的創新之鏈從不中斷。

性與死亡這兩個有效的催化劑躍上舞台。

性生殖確實剝奪了生物永生不朽的權利，但也為它們帶來更多自主性。

本透過母親細胞分裂繁殖，現在已被父母雙方的配子結合取代。

因遺傳從今以後不再只是單純的複製，而是重組與不斷地改進。

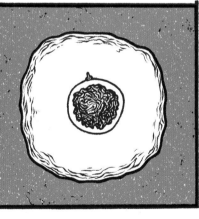
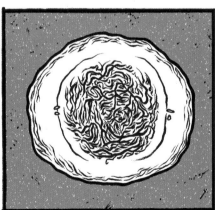
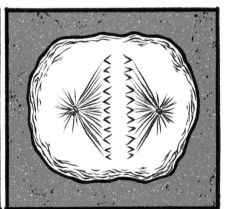

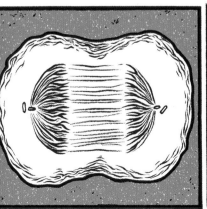
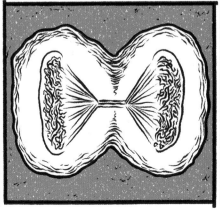
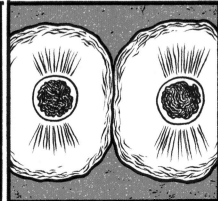

機會增加，成功所需的門檻也越來越高。

不斷重新規劃原本的建築藍圖，增加變異以突變。

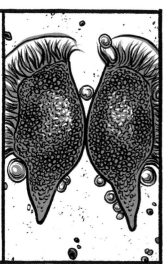

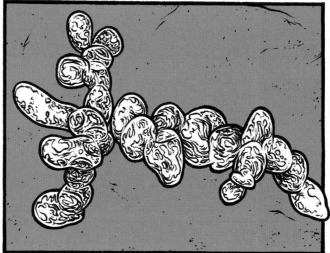

細胞分裂不完全、共生，或是短暫的結合，促使多細胞生物出現。

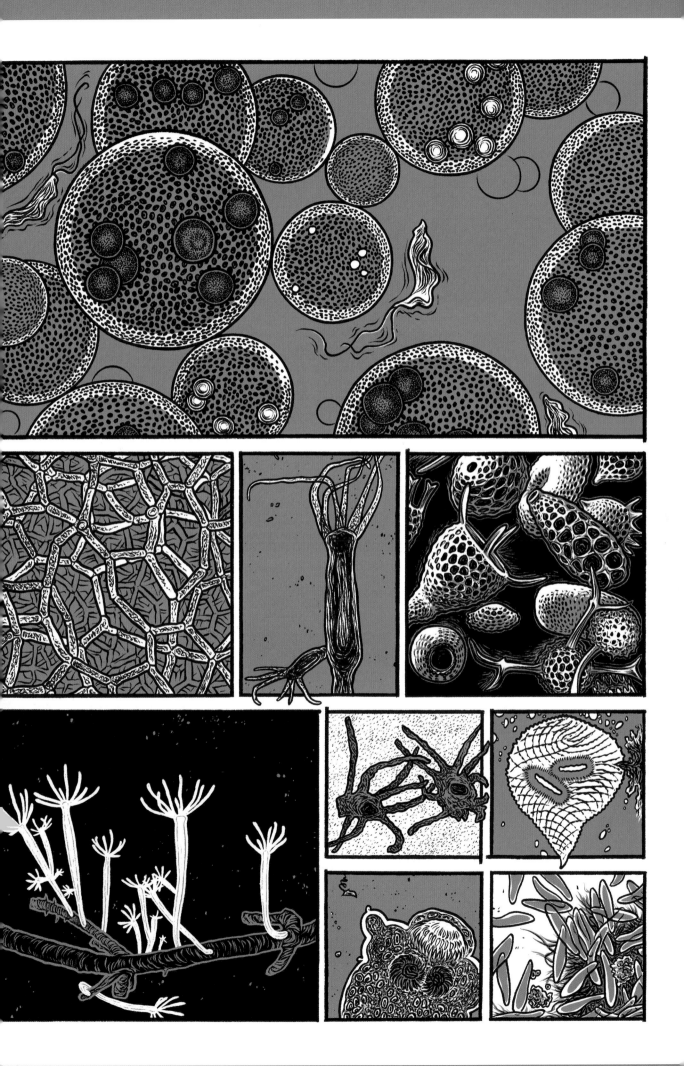

多細胞生物朝著不同方向演化，發展出三大界：

植物界，靠光合作用爲生。　　　　　　真菌界，靠其他有機物爲生。　　　　　動物界，以其他生物爲生。

古代末期，生物體吸收大量溫室氣體，使大氣溫度急速下降。溫度甚至突破了攝氏0度的神奇疆界，水有史以來首度結成冰。

候遽變遷，開始從兩極發展出全球性大冰河，幾乎將整個地球凍結起來。

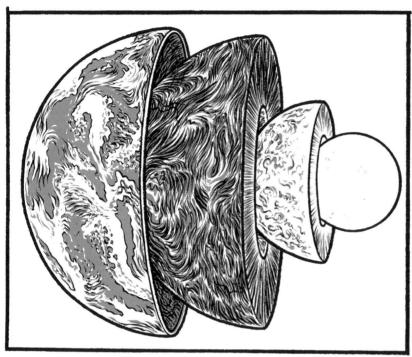

除此之外，地球液態核心的一部分也「結冰」了，加強了原本的磁場。

此時距當初原始的大陸分裂已經很久了。

一塊新的超大陸剛剛誕生：羅迪尼亞大陸。

同時也有較大規模的改變發生：太陽已經漸漸發展到火力全開。

萬年後，迫使大部分生物走上末路的大滅絕終於結束。

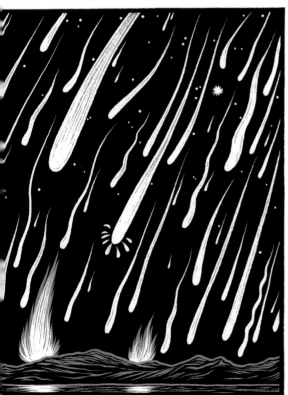

神鬆開了魔爪；結凍的地球因爲隕石撞擊以及火山運動的緣故，漸漸回溫。

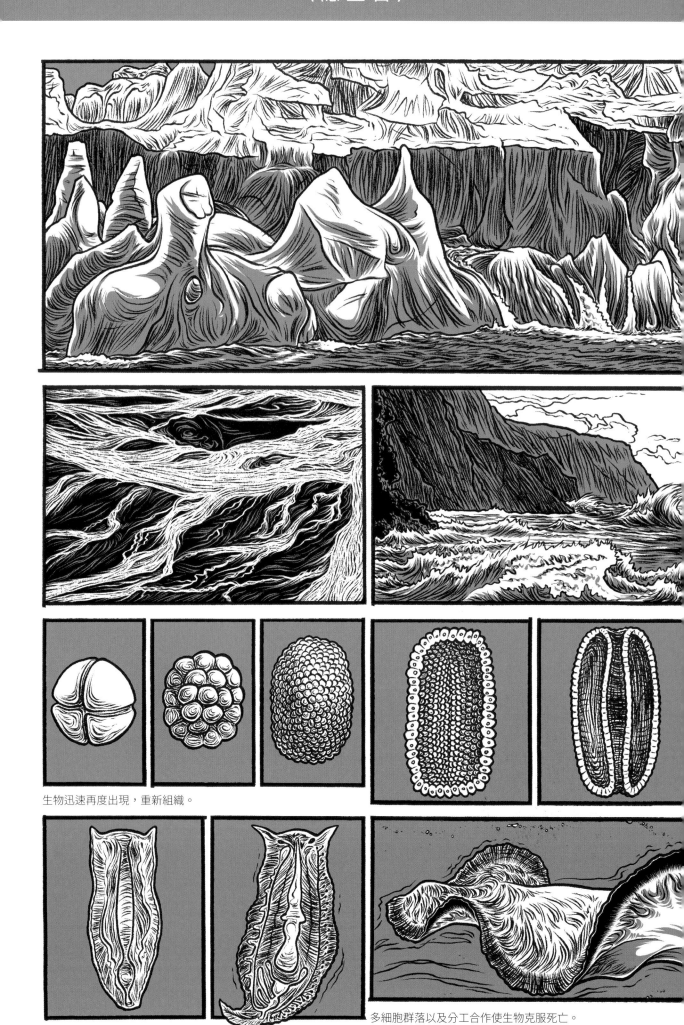

生物迅速再度出現，重新組織。

多細胞群落以及分工合作使生物克服死亡。

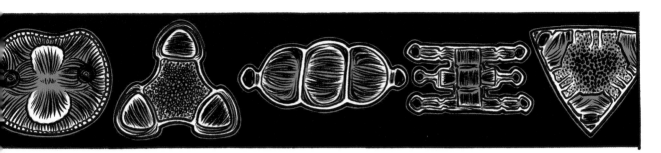

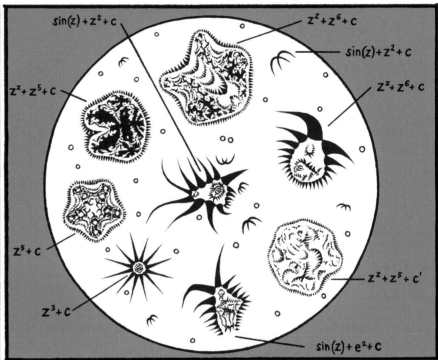

$sin(z) + z^2 + c$

$z^z + z^6 + c$

$sin(z) + z^2 + c$

$z^z + z^5 + c$

$z^z + z^6 + c$

$z^5 + c$

$z^z + z^5 + c'$

$z^3 + c$

$sin(z) + e^z + c$

些物種會依據某種數學方程式規則融入鈣化物，如放射蟲。

早的腕足動物開始發展外殼。成爲未來保存良好的化石。

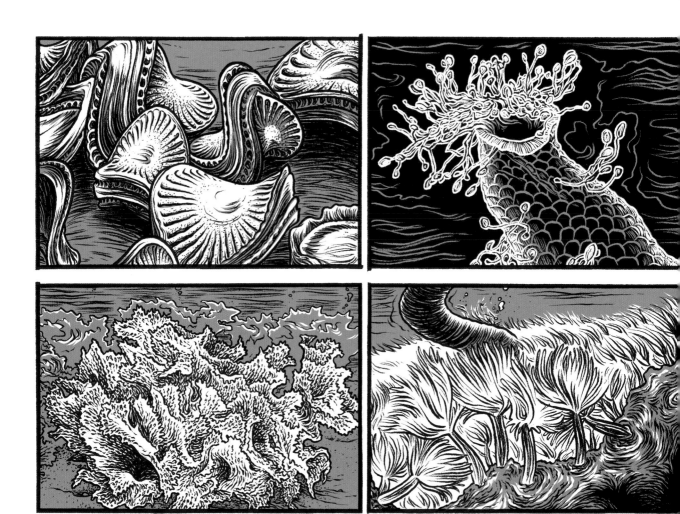

蠕蟲狀、纖維狀或海綿狀生物出現了，隨即占滿地球的生物圈。

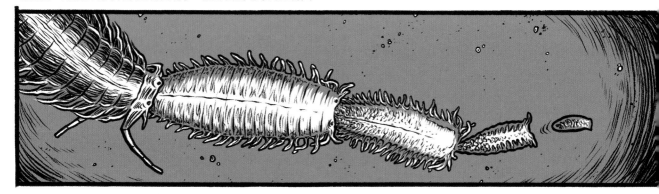

原始軟體動物決定拋棄無用的負擔，變得透明輕盈，這個嘗試奏效了。

迪卡拉動物群使得多細胞生物遍布全球，是未來多樣化生物的祖先。

4. 元古代

25億年至19億年前

最早的生物發展到出現細胞核,我們稱之為真核生物。它們隨後發展成四大界:原生生物界(貨真價實的單細胞生物,比如最早的海洋藻類,或是有纖毛或鞭毛的小生物)、未來的多細胞植物界、動物界,以及真菌界。

24億5千萬年至21億1千萬年前

一場新的大陸板塊碰撞事件之後形成凱諾蘭超大陸。

19億年前

大氣中氧氣濃度上升之後形成臭氧層,保護地球不受宇宙射線的攻擊,較高等的生命因此得以發展。在此之前主宰地球的生命,是一些依靠硫化物等其他能量來源生存的生物,此時卻必須逃避這一層(對它們而言)充滿毒性的大氣層。牠們有些躲到比較具保護性的環境,比如水底或是火山中,逃不掉的只能就此永遠滅絕。

18億年至15億年前

凱諾蘭大陸的殘骸形成新的哥倫比亞超大陸。

11億年至8億年前

哥倫比亞超大陸的殘骸形成新的羅迪尼亞超大陸。

7億2千萬年至6億萬年前

不同的氣候區開始出現,地球自此有了乾燥地區、溫暖的海洋、也有位於兩極的大片冰凍區域。

7億年至6億3千萬年

由鏈狀細胞開始發展,多細胞生物開始出現。

6億2千萬年至5億7千萬年前

出現幾次結冰期,最後一次甚至幾乎覆蓋整個地球(只有赤道附近一小塊地方沒有凍結),這就是「雪球地球」時期。大部分毫無防衛能力的單細胞生物就此消失。

5億7千萬年至5億4千2百萬年前

全球暖化,冰層融解。由於暖化後的海中光合作用增加,大氣裡的氧氣含量也隨之快速增加。

此時代的末期中,埃迪卡拉生物(一大群難以分類的大型後生動物)忽然發展起來,我們稱之為「埃迪卡拉動物群」;此時也出現了最早的海綿,以及最原始的刺胞動物、帶有螺旋狀殼的腕足動物等等。刺胞動物發展出許多不同的生存策略,包括固定在一處、爬行,或是游泳。

〈古生代〉

寒武紀

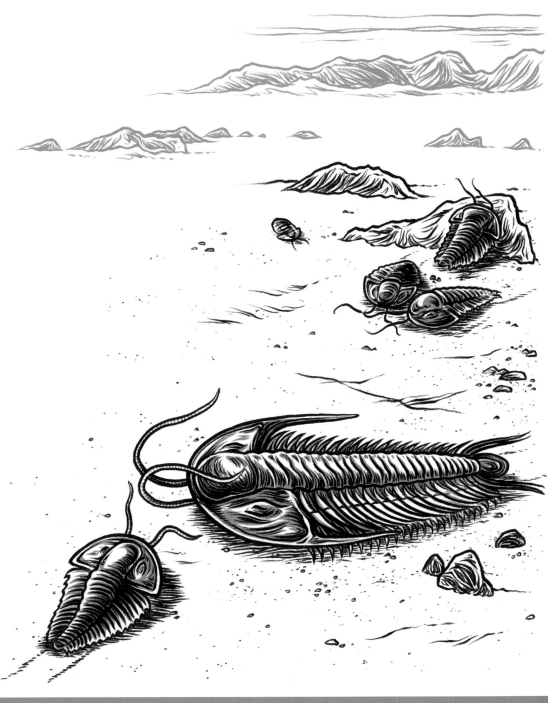

歷史翻開嶄新的一頁，「肉眼可見生命的時代」就此展開：生物體上可以變成化石的殘骸部分多了起來，讓我們在研究這時代的生物時可以越來越不再只是憑藉著想像而已。

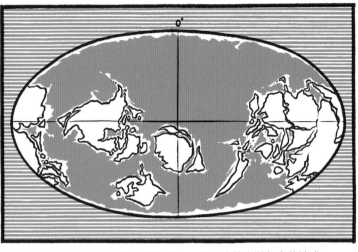

在一天的長度大約二十小時，月亮也已經遠離到相當的距離了。

羅迪尼亞超大陸分裂成幾塊大陸板塊，一片巨大的海洋包裹著地球。

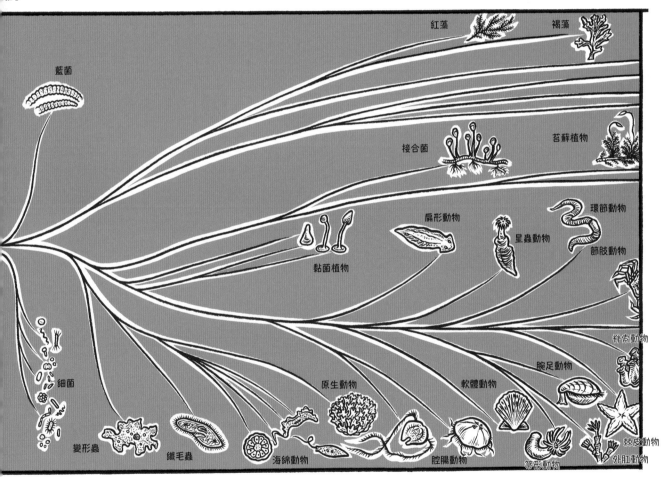

武紀大爆發形成前所未見、令人難以置信的多樣化生物世界。

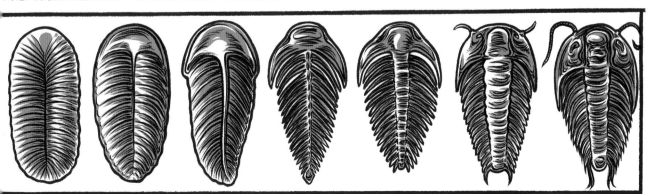

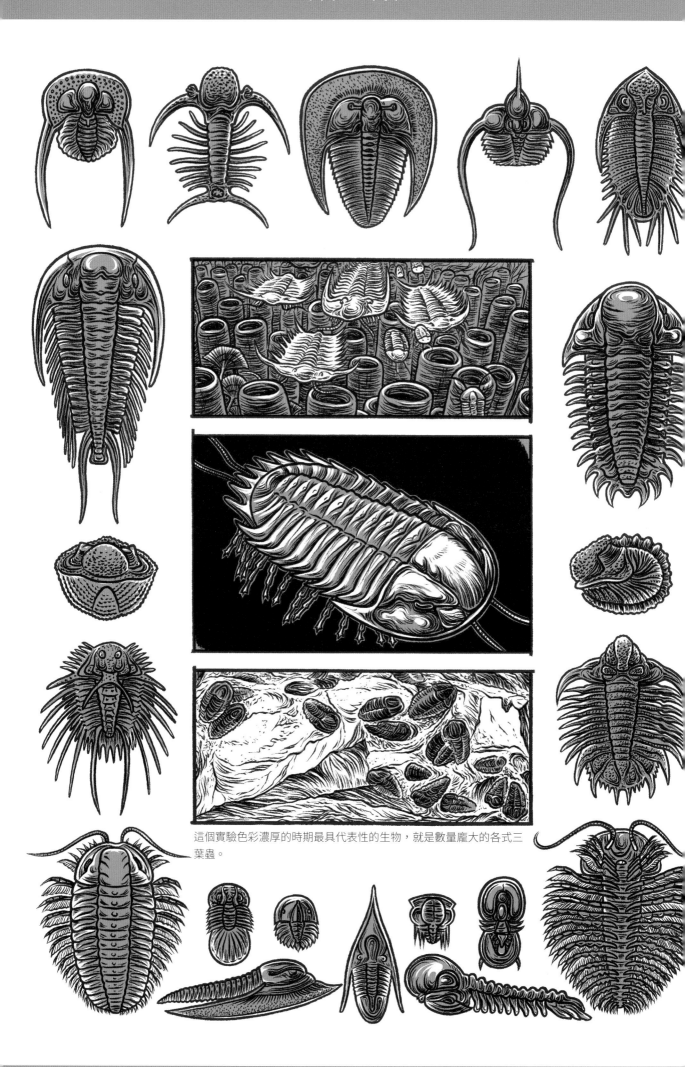

這個實驗色彩濃厚的時期最具代表性的生物，就是數量龐大的各式三葉蟲。

門是首批生有複眼系統的動物家族：數量龐大的物鏡和難以勝數的透鏡。

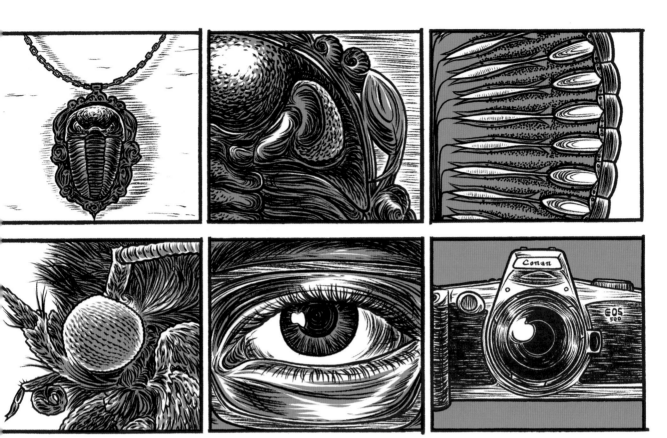

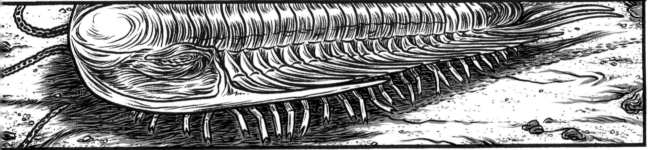

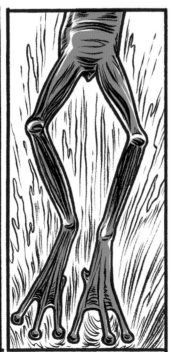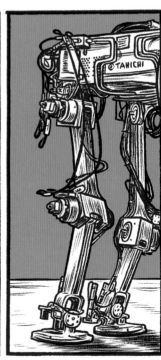

也出現了。對日後許多物種來說是不可或缺的快速移動器官。

剛開始，世界相當「平和」：首批動物在曠野中覓食，身上並無武裝。

但是食物短缺使得彼此開始競爭，某些物種開始尋找其他解決辦法。

牠們不再靠啃食細菌層或過濾浮游生物存活，轉而開始獵食毫無防禦機制的親戚。

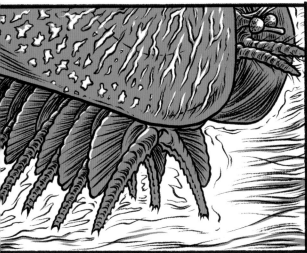

重之間毫無止境的軍備競賽就此開始。　　　　　　硬殼與棘刺對抗尖爪與利齒。

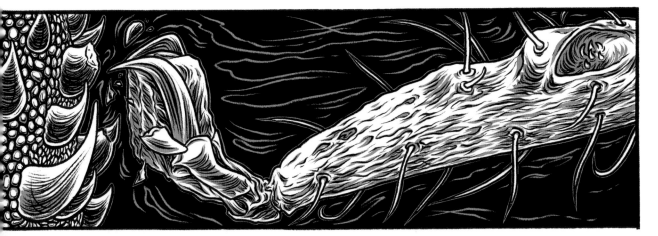

外骨骼系統就是因應這種屠殺而出現的產物，「發明家」們藉回收矽酸鹽代謝物保護自己。

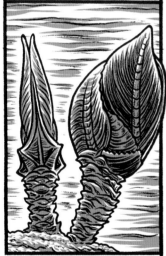

「建築師」們建造出越來越複雜的硬殼，後來都成為地層中的化石。

牠們形成密集的聚落。

構成龐大的暗礁。

 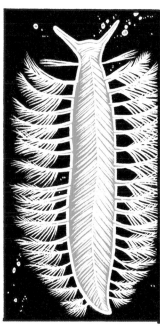  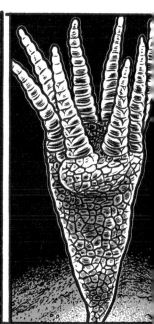

所有現今所知的動物物種都已在此時出現。除此之外，還有某些我們所知甚少的生物。

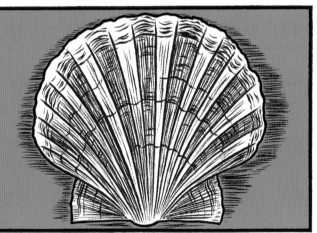

些發明非常完美,得以持續存在數億年。　　　　　其他不太幸運的物種,卻很快自快速發展的古生物故事裡消失。

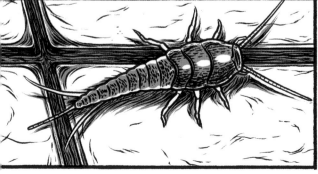

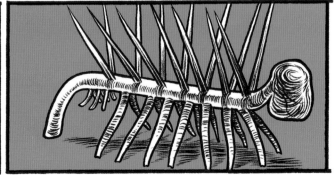

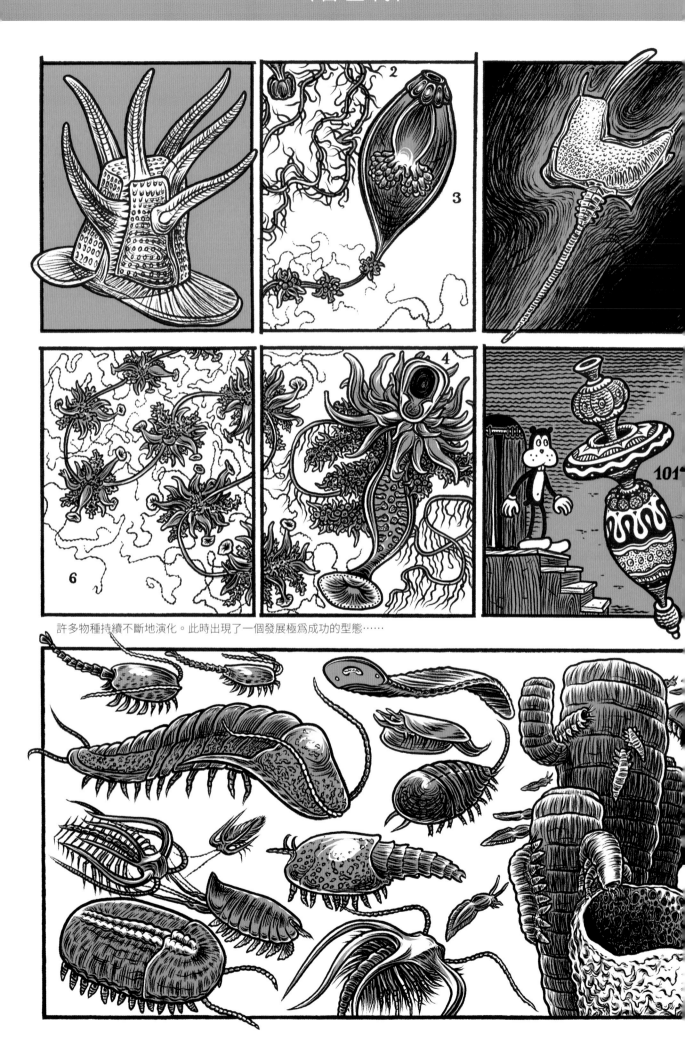

許多物種持續不斷地演化。此時出現了一個發展極為成功的型態……

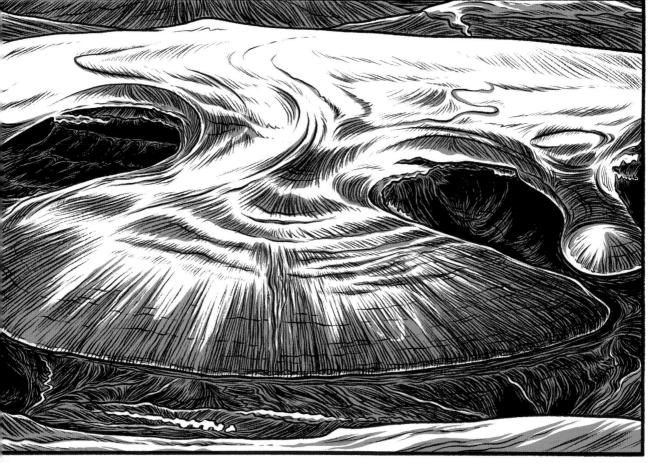

淺水裡泅泳的脊椎動物皮卡蟲。牠生有脊索，是所有脊椎動物的祖先。

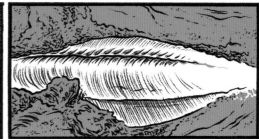

是在寒武紀末期，新一輪的冰河期也導致海洋生物史無前例的大滅絕。

5.顯生宙

5.1古生代：5億4千2百萬至2億5千1百萬年前

5.1.1寒武紀：5億4千2百萬至4億8千8百30萬年前

5億4千2百萬年前

所有的後生動物種類都在發展──也就是所有至今仍然存在的動物物種，比如軟體動物和輻射對稱動物、環節動物、有爪動物、腕足動物、外肛動物、棘皮動物、脊索動物、脊椎動物，都在我們所謂的「寒武紀生命大爆發」期間出現，除此之外，許多其他物種也在這個紀元後期或是下一個紀元之中消失。

由於物種極為豐富以及無數的印痕紀錄，三葉蟲（是現今身體分成三個葉，隸屬於節肢動物門的鱟的祖先）成了這個紀元中的地層化石代表。眼睛形式和運動器官（爪、吸盤、鰭等等）據信幫助增加了動物的活動能力。首批肉食物種的掠食習性更進一步提高了牠們的競爭力。有些物種能適應不同的淺海環境中流動迅速的水流，甚至群聚起來形成礁塊。牠們的外型原始，演化適應了光合作用，形成巨藻和複雜的多細胞海藻。

5億3千5百萬年前

在熱帶淺水海域裡發生了意義重大的生命繁殖現象，珊瑚和腕足動物也增加了，貝殼開始出現，礁岸有了重要的發展，留下地層中豐富的化石帶。

5億2千萬年前

超大陸羅迪尼亞分成數個明顯的板塊，是當時地球上所有的陸地表面合併形成的。其中有些板塊會慢慢形成一塊更廣袤的岡瓦那大陸，其中某些大區塊會變成之後的南美洲、南極，以及非洲；此外還形成赤道以北的馬拉加西和印度板塊。

其他大陸板塊還有：勞倫大陸（形成北美洲陸塊）、波羅地大陸（歐洲東北部陸塊）和西伯利亞大陸（今日西伯利亞）。

4億9千萬年前

一次大災難造成冰河時期以及物種的大量滅絕潮，以至於到了寒武紀末期時，物種只剩下600-450種。

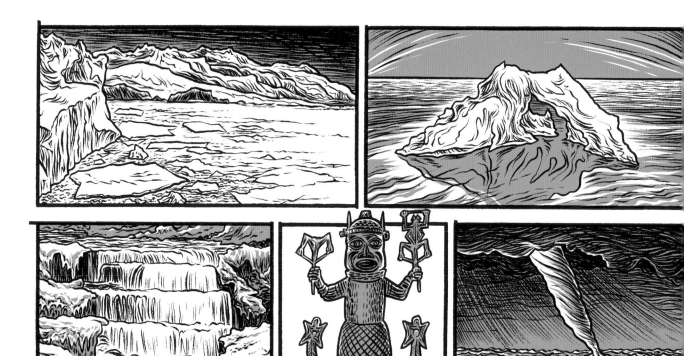

繼寒武紀末期的冰河期結束之後,是一段不穩定的地殼變動期,氣候變化非常大。

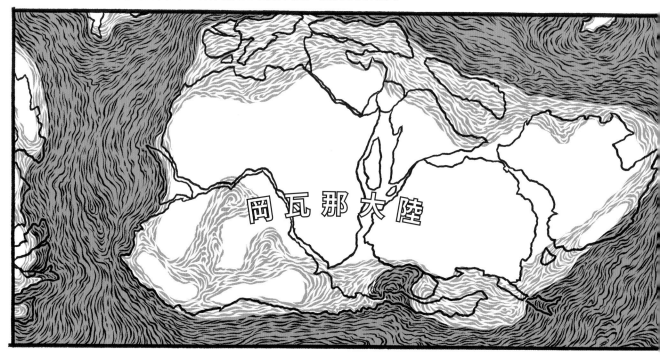

同時,幾塊羅迪尼亞大陸的大型剩餘陸塊重新聚合,組成「南方大陸」岡瓦那。

物再次緩慢發展。　　　　礁體重新生長。　　　　搬進來新住民。

物也甦醒了,首批植物豐富了海面下的群居面貌。不僅如此……

百萬年中,適應力特別強的植物先鋒甚至勇敢進駐緩坡上的潮汐地帶;較複雜的物種有史以來開始在陸地上殖民!

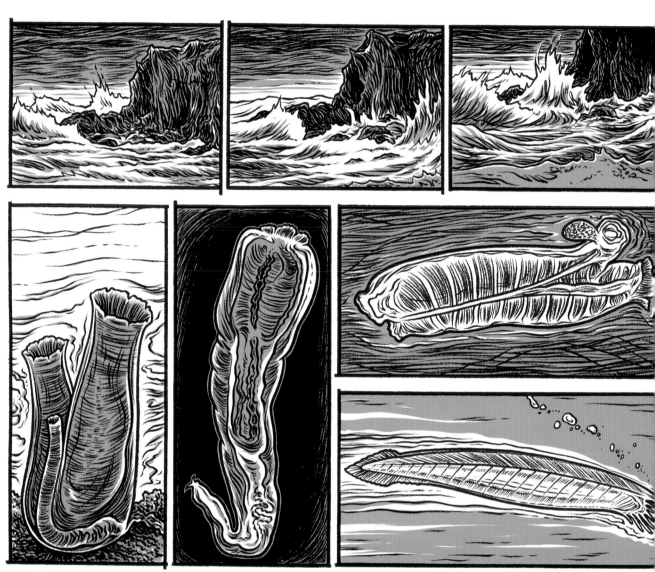

同時，原始脊索動物開始發展出首批具有內骨骼的脊椎物種。

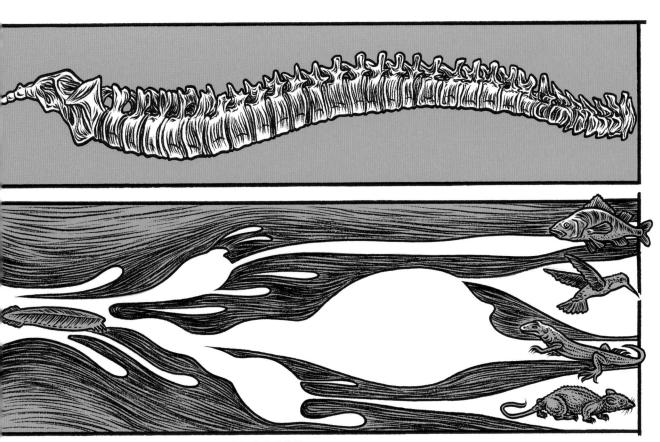

椎物種爭霸的未來尚未到臨，此時是有厚實硬殼的無脊椎動物的天下。

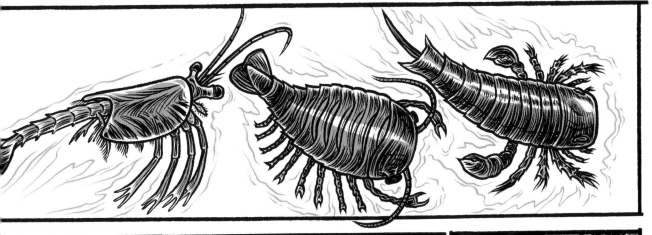

生有螯肢的板足鱟能長到3公尺長，是新的海底霸主。

些板足鱟的後代成功存活，但當時的牠們同樣得承受氣候變遷的考驗。

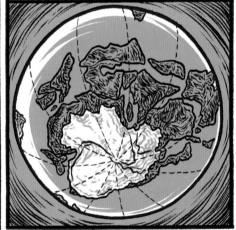

瓦那大陸朝南極移動。巨大的冰河再次吞噬群落生境，將它們包裹在冰層之中。

5.1.2　奧陶紀：4億8千8百30萬年至4億4千3百70萬年前

4億8千5百萬年前

隨著極圈冰帽融化，海平面上升到300公尺，成爲有史以來最高的高度。海洋動物逐漸持續發展。

4億7千8百萬年前

植物也迅速演化，出現首批眞植物，但是此時它們仍然生長在海底。

4億7千3百萬年前

從原始的脊索動物中生出了首批魚類；此時還沒有發展出頷部。頭足動物、腹足動物、筆石、以及牙形石都出現了。海綿、層孔蟲、刺胞動物加上珊瑚，建立起龐大的礁體。這些礁體是棘皮動物、軟體動物、腕足動物、頭足動物的居所，並在其間繼續演化；其中最重要的演化過程發生於節肢動物門。

4億7千1百萬年前

長約數公尺的水生蠍子是海裡最可怖的掠食者。

4億6千2百萬年前

如苔蘚的首批陸地植物征服了海洋沿岸（因累積數紀元發展而成的臭氧層，在此已厚到能防止太陽的紫外線）。

4億5千萬年前

岡瓦那大陸在從赤道向南極移動的過程中漸漸凍結，凍結現象甚至大到能在這個紀元末期造成巨大的變動。這是新的冰河時期開始，結冰程度高到海洋沿岸的海平面高度因此降低。這些現象造成嚴重的物種滅亡，地球上大約95%的生物因此消失了。許多奧陶紀的動物就此滅絕，包括幾乎所有的三葉蟲，還有許多頭足動物和腕足動物，以及大量的礁體。

志留紀

岡瓦那大陸稍作暫停之後又繼續移動。一部分的水回復為液態，生命再度運行。

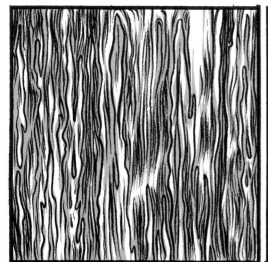

比魚類無頜總綱在志留紀出現。

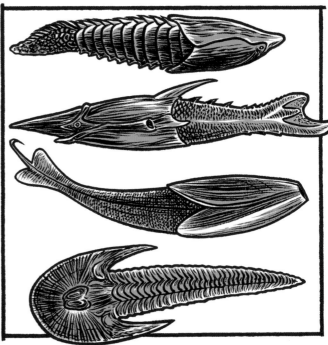

雖無牙齒也無下頜，但並非毫無防禦能力。

主骨之外也發展出具保護能力的骨板。

未來的顱腔位置裡有中控室。

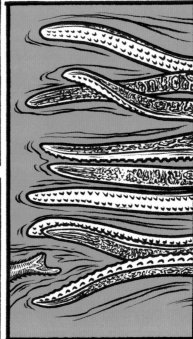

了立即躲避環境裡的直接威脅，這些發展都是必要的。

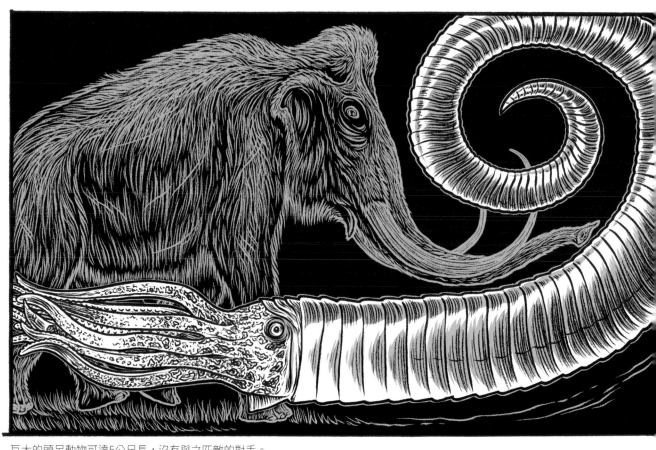

巨大的頭足動物可達5公尺長,沒有與之匹敵的對手。

牠們領頭的王國裡還有甲殼、筆石、貝類、珊瑚、棘皮、海星、海鰓等動物。

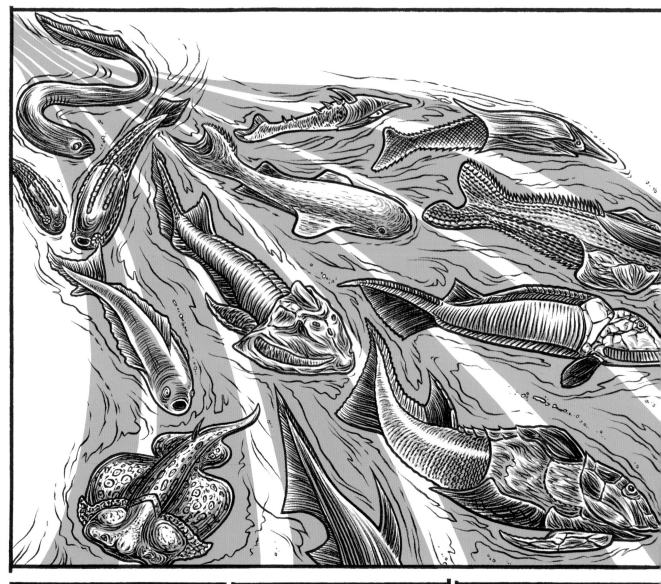

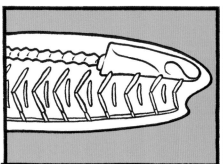

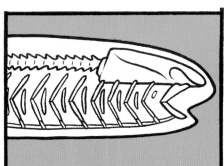

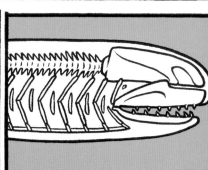

魚類也有了武裝。　　　　　　　　　迅速長出不同形式的下頜。　　　　　　開始加入獵殺行列。

海洋沿岸原本是細菌的專屬殖民地，逐漸被首批眞正的植物占領。

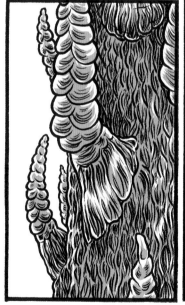
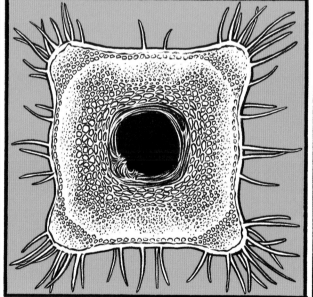

它們的纖維組織日益強壯後成爲具支撐力的莖，表面也能夠抵擋陽光。

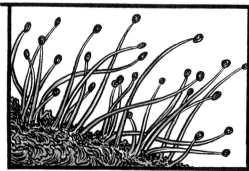
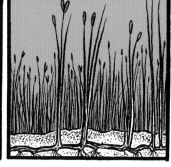

系穩穩紮進土裡吸取水分。

植株表面也布署了精細的太陽能板。

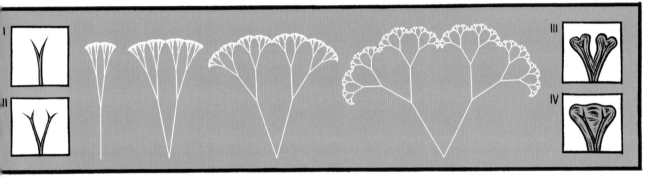

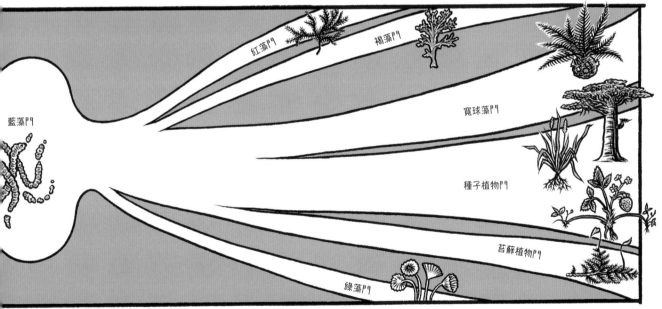

紅藻門

褐藻門

藍藻門

寬球藻門

種子植物門

苔蘚植物門

綠藻門

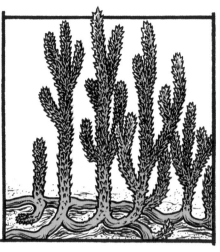

原始植物建立起專屬的群落生境，好奇的訪客們也迅速進駐。

蛛形綱動物

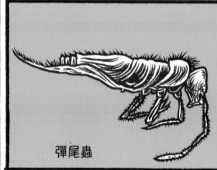

彈尾蟲

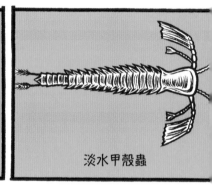

淡水甲殼蟲

物自此同時在陸地上和海裡發展，志留紀安然無事地結束。

5.1.3 志留紀：4億4千3百70萬年至4億1千6百萬年

4億3千9百萬年

志留紀的海洋活動比陸地活動重要。氣候又熱又濕，有時在地表之下卻是炎熱乾燥的。一次重大的火山活動促使地層變化，新的地殼在此時期中生成，伴隨大量的礦物質沉積。未來會成為美洲和歐洲北部的地表，經歷了塔康造山運動；在非洲，剩餘的冰層慢慢地融化。

4億3千7百萬年

身長五公尺的巨大頭足動物位於食物鏈頂端，另一個極有展望的生物：脊椎動物，也藉原始魚類的型態出現了，就此加入演化行列。

4億3千3百萬年

第一棵松葉蕨門植物也出現在住客繁多的海岸線區域了。木質素和細胞膜質使它們建構出堅固的莖。具有兩棲能力的節肢動物是目前所知第一批到旱地上冒險的動物。

4億2千6百萬年

包括水生蠍子和多足動物在內的某些動物物種開始離開海洋的保護，在發展出陸地上的呼吸能力之後成為陸地上第一批居民；原始型態的蜘蛛、蟎、跳蟲，以及某些甲殼類動物很快便加入它們的殖民陣營。

4億2千2百萬年

志留紀中首度出現大量的有頷魚類。在頭足動物中，鸚鵡螺（菊石的祖先）的殼以螺旋狀捲起，在此時發展到極盛。在溫暖地帶的海中，大批動物及珊瑚物種快速增生，製造大量的二氧化碳以及無法計量的鈣質，生長面積綿延兩千五百公里之遠。

4億1千9百萬年

勞倫大陸、波羅地大陸、西伯利亞大陸慢慢接近，形成最初的勞亞大陸北部。

4億1千6百萬年

海洋在志留紀末期後退，淺水區域變成陸地。植物開始大舉進占，首批松葉蕨和有孢子的植物進一步發展；一剛開始是以無葉片形式出現，接著是發出形似葉片的小芽。原始蕨類和石松出現了，地球上並有了首座沼澤。

泥盆紀

液態環境仍是生死存續的重點舞台，不同的角色開始整合。

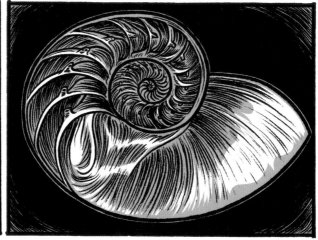

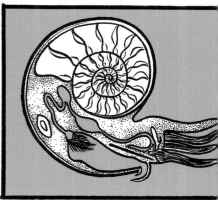

己絕跡的頭足動物化石看出來，牠們的螺旋部分體積越來越大。

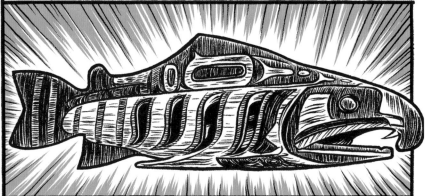

食性魚類長出巨大的牙齒、防護骨板、以及長達十公尺的體型。

大的魚有如海中城堡，但仍會遭到其他魚類攻擊。

魚的祖先出現於晚泥盆紀……

……成為海中最有效率的掠食者。

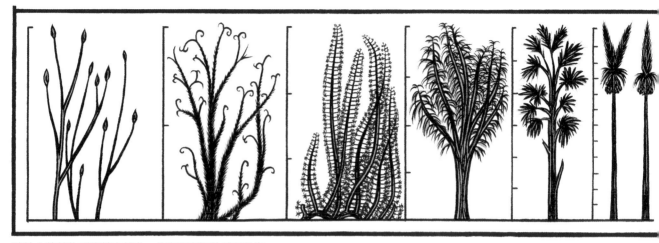

陸地上的植物型態越來越多，使出渾身解數爭取陽光。

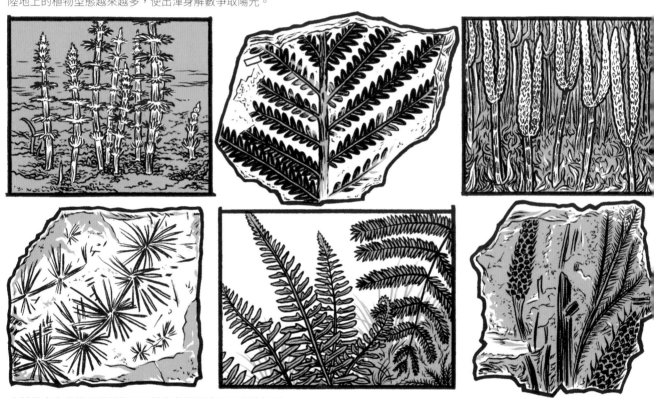

木賊是古生代的主要植物；石松和蕨類迅速加入它的行列。

海的炎熱沼澤區是陸地植物的生存實驗室，但也有新住客。

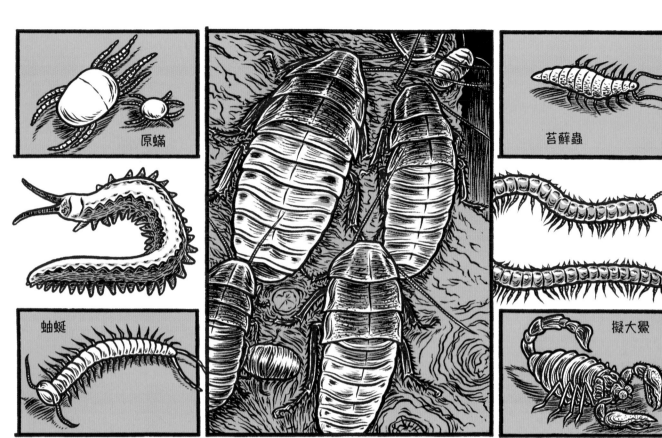

原蟎　　蚰蜒　　苔蘚蟲　　擬大鱟

越來越多昆蟲占領陸地，甲殼類發展出絕佳防護配備……

肺魚　　雙翼魚　　全褶魚

……接著是首批魚類，能靠有肌肉的鰭逃離威脅。

這種演化最有名的例子是腔棘魚，在地球上繼續存活了4億年。

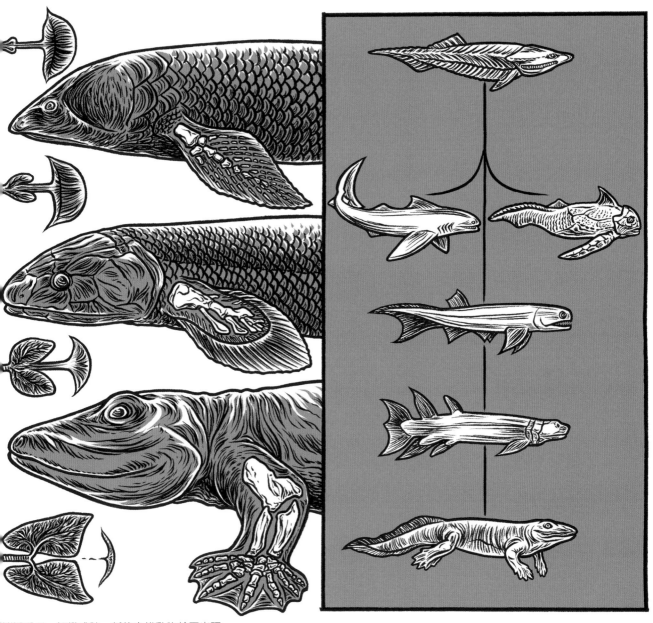

鰭變爲爪，鰓變成肺，新的脊椎動物於焉出現。

兩棲動物是陸生動物的先驅，也是最先深入陸地的脊椎動物。

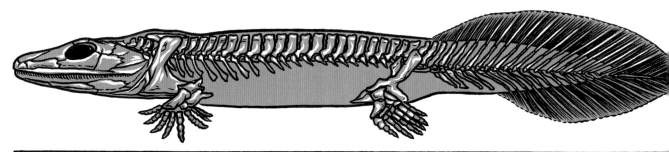

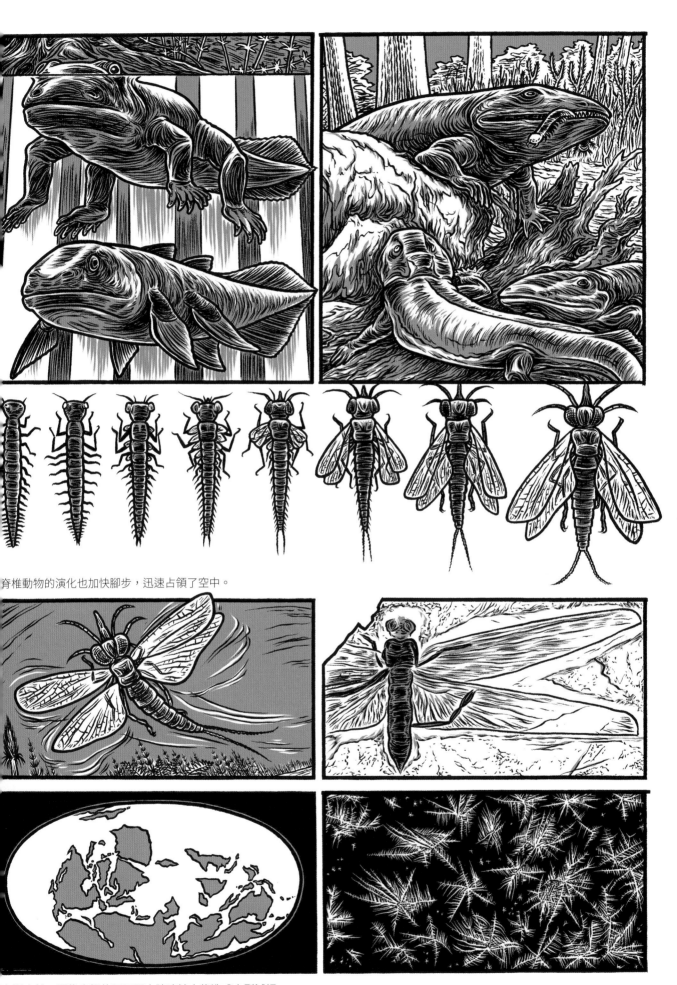

脊椎動物的演化也加快腳步，迅速占領了空中。

在這之前，漂往南極的岡瓦那大陸凍結之後造成中型滅絕。

5.1.4 泥盆紀：4億1千6百萬年至3億5千9百20萬年

4億1千6百萬年

泥盆紀可以被視為魚類的紀元。無顎魚類正慢慢消失，防禦配備特別周全的魚種（盾皮魚）開始大量出現。從盾皮魚綱中的一支生出了之後的軟骨魚綱（鯊魚和魟魚的祖先）和輻鰭魚綱（真魚的始祖）。

4億1千2百萬年前

在加里東造山運動之後，形成勞亞大陸。岡瓦那大陸的造山運動則造成北美洲、格陵蘭，以及歐亞大陸北部。

4億9百萬年前

鸚鵡螺隸屬於頭足綱，會繁衍出第一代菊石亞綱，是接下來四億年間常見的地層化石。礁岩生活圈持續發展，建立起重要的物種結構。

4億3百萬年前

在魚類之中，腔棘魚具有兩對鰭，鰭上生有酷似四肢的五指，在轉變成脊椎動物的過程中扮演了重要角色。至於軟骨魚類中的棘魚則到達發展的頂點了。

3億9千1百萬年前

除了各種形式的木賊和石松，松葉蕨也出現了。此時也有能長到數公尺高的樹木，形成簡單的森林生態系統。

3億7千4百萬年前

兩棲動物成功適應了環境，運動和呼吸功能的演化尤其優異，牠們冒險上了陸地。當時的陸地已經有無翅膀的昆蟲居住了。

3億6千2百萬年

岡瓦那大陸又經過南極圈，再度緩慢凍結起來。接下來數百萬年間，新一輪的冰河期覆蓋住大部分的岡瓦那表面，摧毀植物和動物物種，瓦解了熱帶礁岩地帶的物種世界。

〈古生代〉

石炭紀

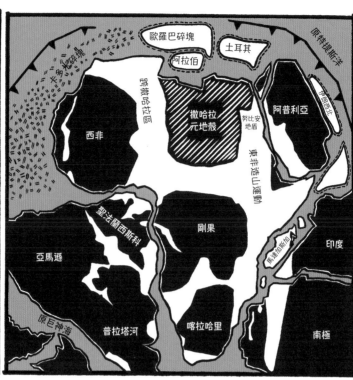

此時岡瓦那超大陸終於離開南極，向北方另一大片大陸漂去，並於日後與其接壤。

平面上升，陸地熱得冒汗，溫室氣候使廣大的森林快速生長。

2千萬年之內形成厚厚的有機物沉積層，成爲大量的碳。

富的化石燃料出現，尤其是在未來的北美和歐亞大陸。

成的植物呼吸時分解二氧化碳，接收氧氣的物種也以倍速增長。

植物樂園裡毫無隙地——可以居住的角落都被占領：陸地上、空中、水裡。

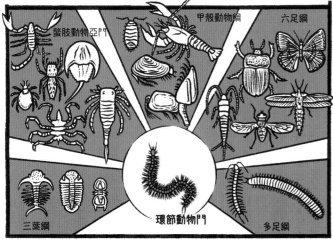

無數節肢動物和膜翅目昆蟲不斷精進其運動方式。

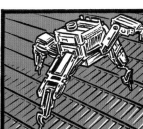

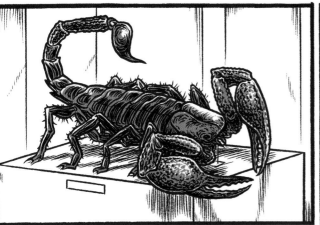

進化最快、適應無礙的四足動物往陸地生活踏出一大步。

骨骼和肌肉結構不斷增強。首批蜥蜴即將出現。

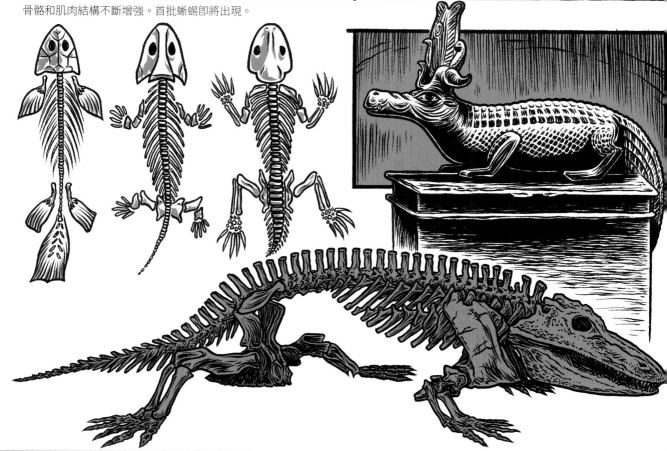

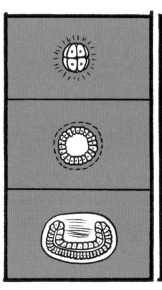

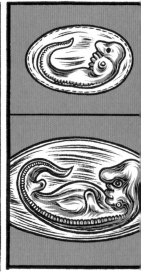

蛋是被殼包裹住的孵育器，使蜥蜴成為首批不依賴水的脊椎動物。

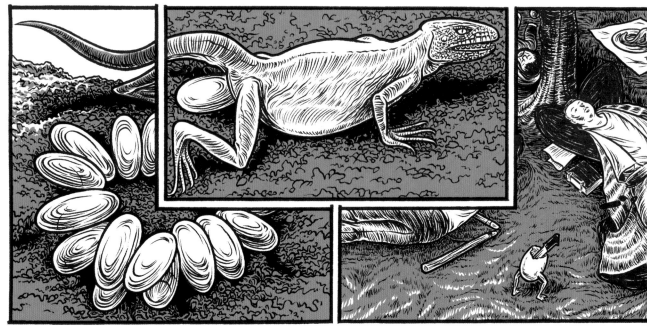

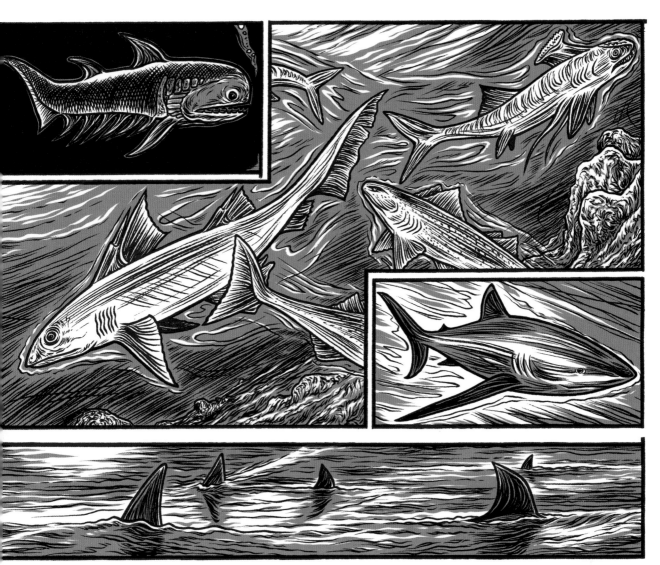

時水裡的鯊魚確立了具流動力學的外型，可說毫無敵手。

開海洋的物種中，體型越細的越能適應淡水環境。

但地球又有新的變化：奧林帕斯諸神和冥王甦醒了。巨大的滅絕結束了這個紀元。

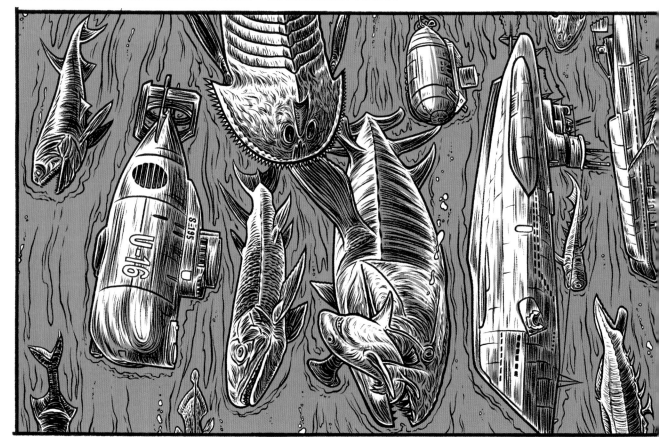

法適應的物種隨著繁茂的群落生境和沼澤森林就此消失。

留下沉積岩包裹的化石。。

無數原始林地化而爲煤

5.1.5石炭紀：3億5千9百20萬年至2億9千9百萬年前

3億5千7百萬年前

岡瓦那大陸遠離南極圈之後開始解凍，使海平面大幅上升。地球氣候先變暖，又隨即變得潮濕。

3億4千4百萬年前

泥盆紀形成的勞亞大陸北部越來越接近南部；後者原本在南極圈附近，在此時又向北移動，因此引發持續至下一個紀元的海西造山運動，使兩塊超大陸合併在一起。

3億4千2百萬年前

石炭紀是屬於兩棲動物的紀元。其中包括身長能到3公尺的巨大有殼物種，兩棲動物成了有史以來最大的陸生動物。這個綱裡的其中一支最後進化成為最早的爬蟲類。

3億2千3百萬年前

廣袤的沼澤森林由石松、鱗木、和能夠長到50公尺高的封印木組成，會形成厚度足有幾公里的煤層，石炭紀因此得名。

3億1千1百萬年前

會飛行的昆蟲中最先出現的是蜻蜓，有些巨大的蜻蜓種類，翅膀幅寬能達75公分。多足類也演化得越來越大，身長可達2公尺。

3億8百萬年前

在泥盆紀時，陸地上倚賴大氣中氧氣的物種只占15%，但是因為植物物種大幅增加，到了石炭紀卻提高到35%。結構更細緻的群落生境出現了，居間的物種開始彼此依賴，食物鏈也變得更複雜。

3億7百萬年前

由於調整了新陳代謝和繁殖方法，特別是因為有了蛋，直系祖先為兩棲動物的首批四足爬蟲已經完全不需要依賴液態元素存活。牠們開始占領乾燥的陸塊深處。

3億3百萬年前

晚石炭紀的隕石撞擊和火山活動，使整個地球的平均氣溫顯著下降；極圈和冰河的冰帽體積再次增加，海平面大幅降低。無數動物和植物都無法忍受這股劇烈的變化。到了石炭紀結束時，消失幅度最大的是熱帶森林。

二疊紀

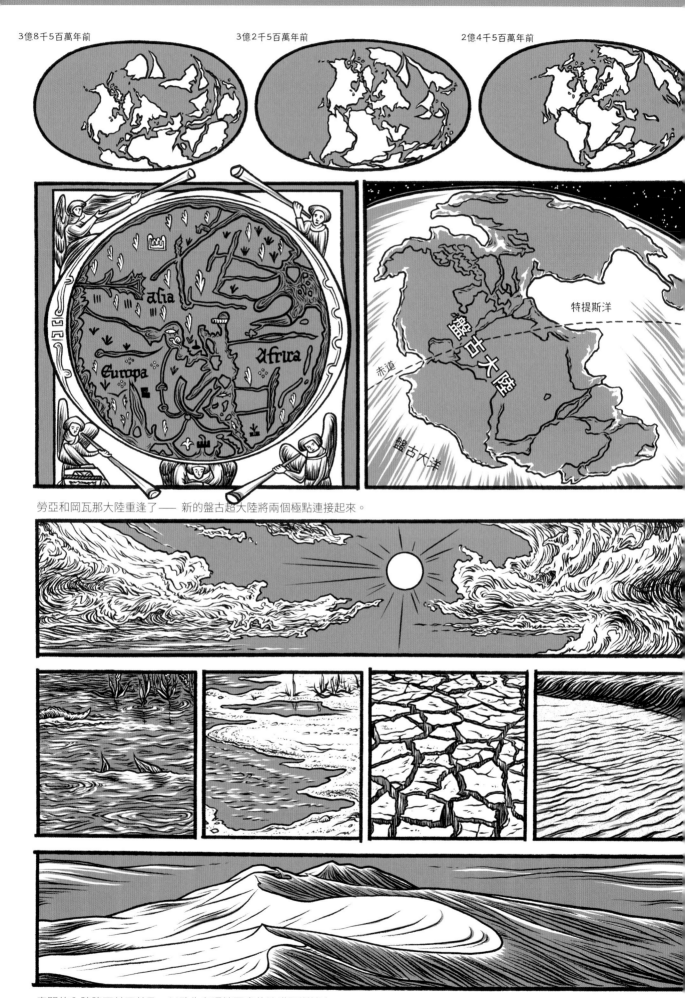

3億8千5百萬年前

3億2千5百萬年前

2億4千5百萬年前

afia

Europa

Afrira

特提斯洋

赤道

盤古大陸

盤古大洋

勞亞和岡瓦那大陸重逢了 —— 新的盤古超大陸將兩個極點連接起來。

廣闊的內陸降雨並不普及，以致生存環境惡劣的沙漠逐漸擴大。

爽乾燥的氣候使物種發展出前所未有的生存策略：裸子植物。比如首批針葉木和銀杏；昆蟲也開始經由幼蟲階段完成繁衍。

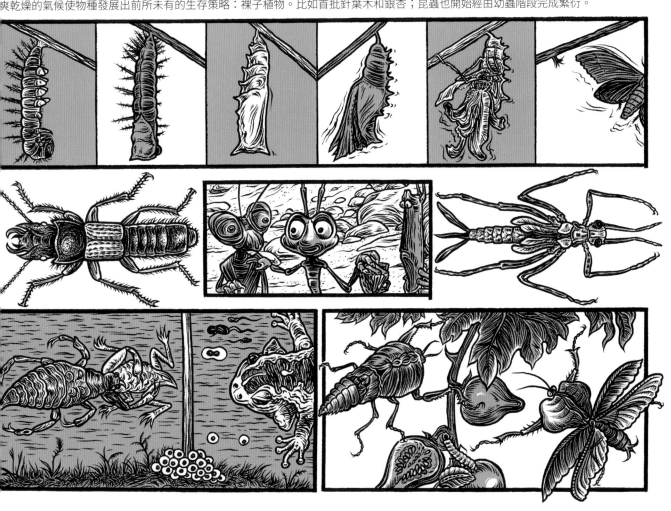

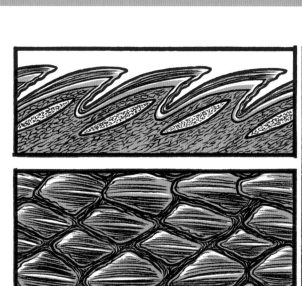

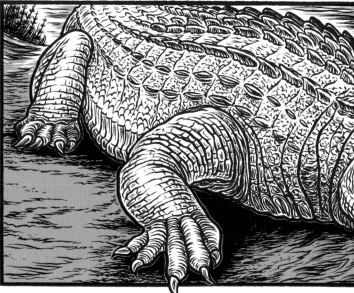

為了適應變化，蜥蜴身上布滿鱗片，蛋殼變得更堅硬

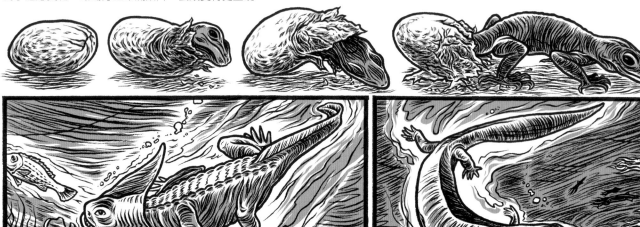

潮濕地帶的群落生境也有一波新物種，有些身型十分巨大。

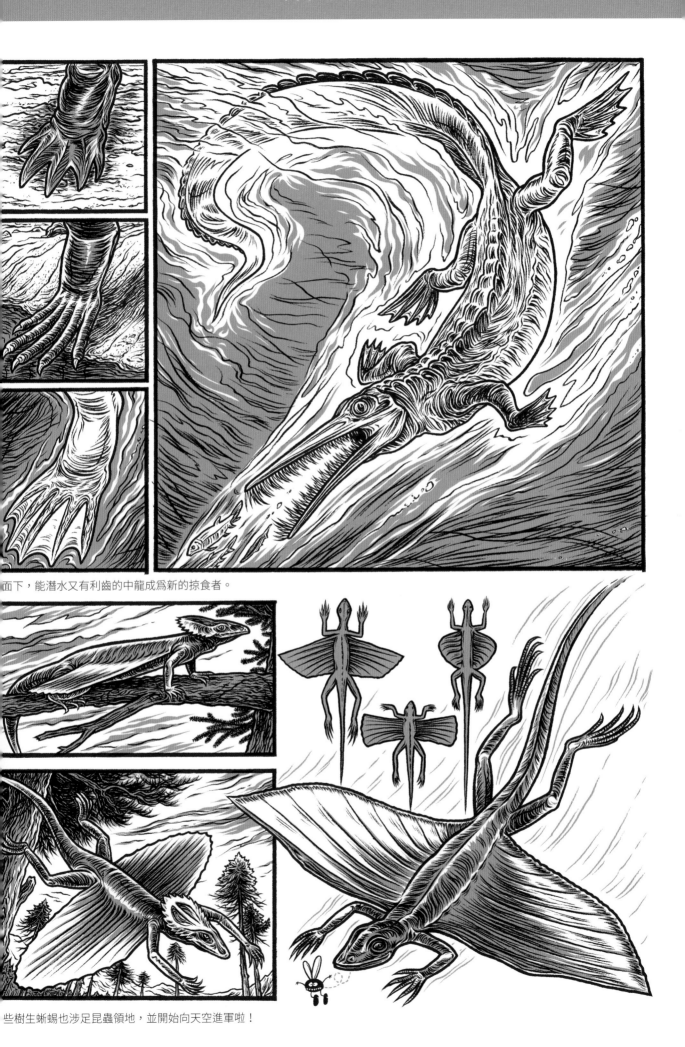

面下，能潛水又有利齒的中龍成為新的掠食者。

些樹生蜥蜴也涉足昆蟲領地，並開始向天空進軍啦！

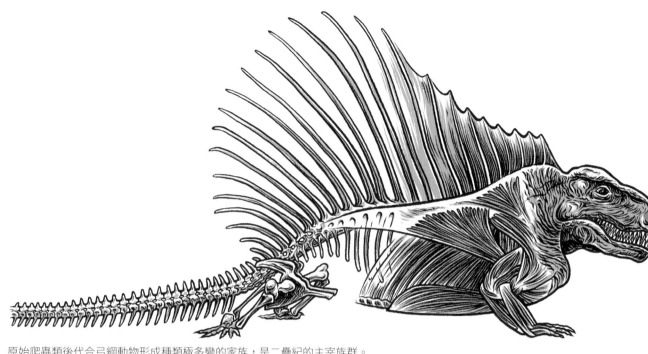

原始爬蟲類後代合弓綱動物形成種類極多變的家族,是二疊紀的主宰族群。

牠們是首批恆溫動物,能忍受嚴苛的氣候。

牠們演變出笨重的草食動物和靈敏的肉食動物，生命樣貌更多元。

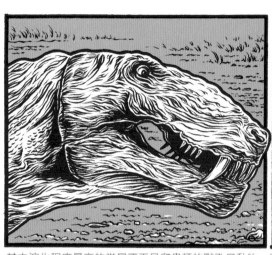

其中演化程度最高的當屬不再是爬蟲類的獸孔目動物，更近似哺乳動物。

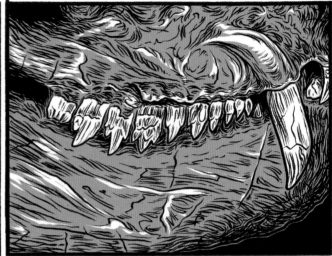

孔目的後代中，犬齒獸亞目有許多哺乳動物的內部和外部特徵。

爬蟲動物　　　　　　　犬齒獸動物　　　　　　哺乳動物

些發展卻戛然而止，因為發生了有史以來最嚴重的災難。

如同定時炸彈的超級火山又爆發了——範圍廣及數百萬平方公里。西伯利亞被覆蓋在岩漿之下，數千噸的石塊和火山灰往空中噴射。

物圈天翻地覆，古生代在物種徹底滅絕的災難中劃上句點。

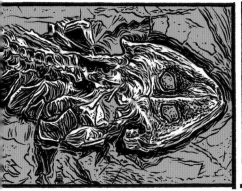

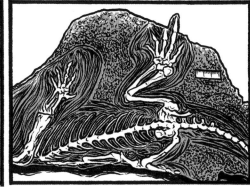

5.1.6 二疊紀：2億9千9百萬年至2億5千1百萬年前

2億9千6百萬年前

劇烈的氣候變化仍然持續。勞亞大陸和岡瓦那大陸已經結合在一起；比較小的板塊如波羅地和西伯利亞板塊也倚靠著大板塊。地球看起來像是被分成兩個部分：一部分被泛大洋覆蓋，另一部分是縱貫所有緯度的超大陸。

2億8千1百萬年前

這塊名為盤古的超大陸中央變得異常乾燥並形成沙漠，使得親水的孢子體無法存活。植物為了因應，便開始演化出裸子植物，因而出現首批針葉木和銀杏：它們的繁殖方法比較有彈性，也較能抵抗水分蒸散。至於爬蟲和昆蟲，也改變了牠們的繁殖方法，在過程中加入完全不靠水的階段，比如有堅硬外殼的蛋或蛹。

2億8千萬年

海洋變淺，在乾燥的過程中留下無可計量的鹽岩。

2億7千4百萬年

獸孔族群裡絕大部分是草食動物，但是也有肉食動物；牠們的體型越來越大，成為主導地球的動物。堅頭類動物和有史以來體型最大的兩棲動物——能長到4公尺長的蝦蟆螈——繼續統治牠們潮濕、毫無乾地的生存環境。

2億6千8百萬年前

體型小，有如蜥蜴的獸孔目動物出現了。此時，以昆蟲為食的牠們只占了很小的比例。

2億6千6百萬年前

盤古大陸從中央開始分裂，地中海的祖先特提斯洋有如手臂一般伸進盤古大陸的中心；特提斯洋從東南亞出發，若是海平面升高，就能抵達未來的中歐。此時的海平面是地球有史以來最低的。

2億5千9百萬年前

具滑翔能力的原始爬蟲類開始挑戰天空。

2億5千7百萬年前

獸孔目裡包括犬齒獸亞目（名字Cynodontia來自希臘文的狗kunos和odontos）的幾個分支，長得越來越接近哺乳動物，尤其是骨架、運動方式、以及新陳代謝。

2億5千2百萬年前

一陣強烈得難以想像的火山活動（在西伯利亞板塊表面造成數百萬平方公里，結實的玄武岩岩層）造成溫室效應，使原本就已經很熱的地球氣候變得更加炎熱。伴隨這些現象而來的是海平面下降。

這陣騷動造成可怕的絕種潮，波及古生代一大部分的植物、幾乎所有原始爬蟲類和獸孔動物、無數的兩棲動物、菊石、珊瑚、放射蟲、以及所有原本倖存的三葉蟲：等於地球上90%的物種，使得生態系統完全崩解。在很短的時間內，海洋生物物種從25萬種銳減到1萬種。

三疊紀

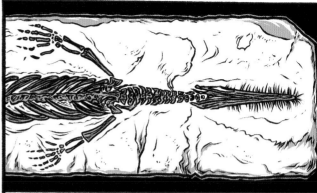

超級災難之後,地球上的生命又緩慢復甦,物種陸續出現。

無數倖存者深諳利用前所未有的好機會。

本便已經類似哺乳動物的犬齒獸亞目快速繁衍，群居在山洞裡。

其他物種來說一切如昔，棲息地結構和以前仍然相似。

具適應力的爬蟲類型出現，淘汰了競爭力相形原始的獸孔動物。

主龍與其祖先相較變得更迅速、敏捷、強壯、有耐力、具侵略性。

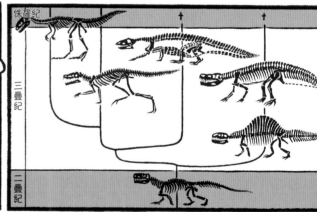

牠們是主權移轉過程中無敵的征服者。　　　　　　　　　主龍的骨架決定了它們可以有更多樣化的發展……

…有如外型較纖細優雅的巨鱷，能以兩根後肢直立行走。

符其實的「優勢蜥蜴」……　　　　　　　　　　　……在各領域召集盟友。

其中一些很快地回到大海中，向液態元素宣戰。

Jenny Haniver
》Historia Animalium《
(1551 - 1558)

齒龍、幻龍、魚龍具有趨同演化能力，能夠完美適應環境。

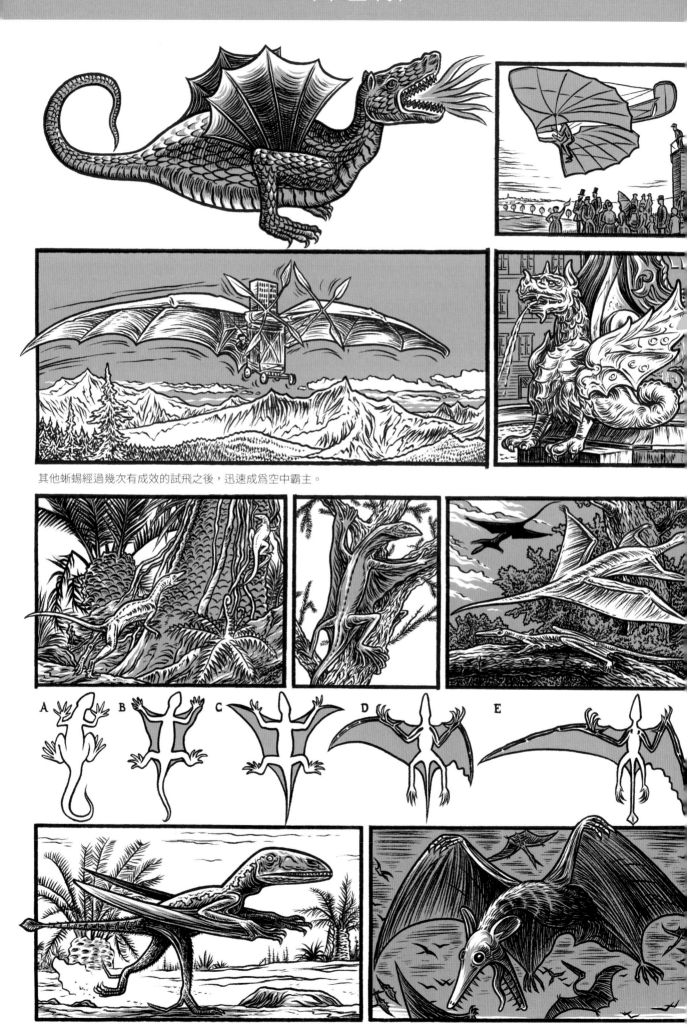

其他蜥蜴經過幾次有成效的試飛之後，迅速成為空中霸主。

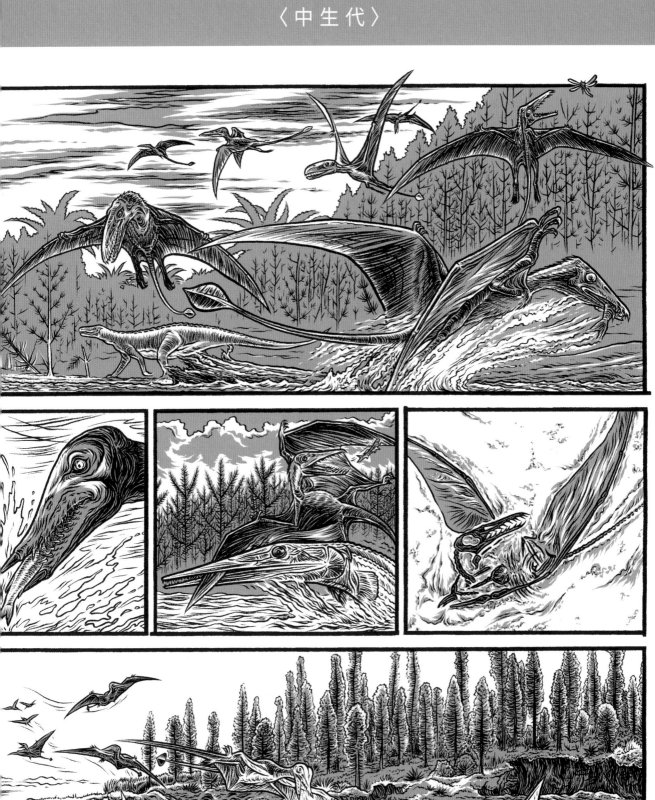

多虧從第四指延伸出來的皮膜，牠們在地球各地飛翔。

氣候更潮溼了，不但有利於植物，也造福其他生物。

杉木精油

OIL ARAUCARIA

GINKGO CAPSULES

銀杏膠囊

使用雙腳行走的鱷魚後代，首批真正的恐龍登場了。

門比其他脊椎動物更聰明靈活，立刻爬上食物鏈頂端。

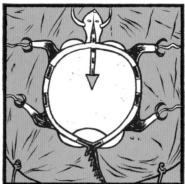

部分被獵食的物種發展出堅硬的盾甲，避免喪生於恐龍的利牙之下。

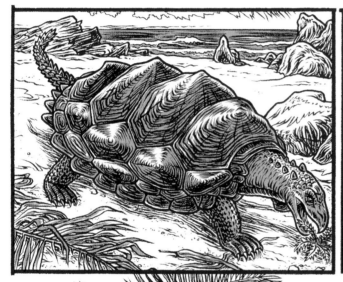

各種恐龍變得越來越強大……

統治地球很久。

批哺乳動物也開始發展。在接下來的1億5千萬年中身型都沒能超過老鼠的大小。

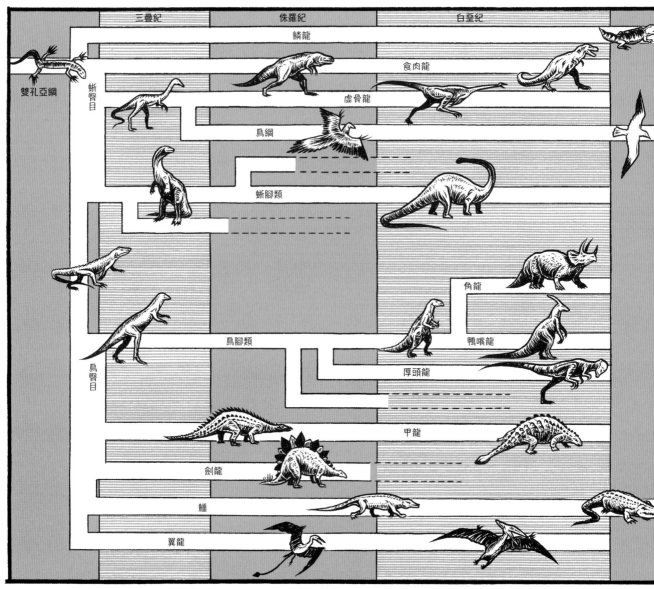

三疊紀　侏羅紀　白堊紀

雙孔亞綱
蜥臀目
鱗龍
食肉龍
虛骨龍
鳥綱
蜥腳類
角龍
鳥臀目
鳥腳類
鴨嘴龍
厚頭龍
甲龍
劍龍
鱷
翼龍

恐龍繼續發展出新族群。與其表親相較，新族群適應力越來越好。

c) 恐鳥　d) 大角鹿
b) 迷惑龍
a) 鱷

① ② 鳥臀目劍龍
① 蜥臀目腔骨龍

龍

三疊紀的生態浩劫消滅了競爭物種，爲恐龍開啓新時代。

〈中生代〉

5.2 中生代：2億5千1百萬至6千5百50萬年前

5.2.1 三疊紀：2億5千1百萬年前至1億9千9百60萬年前

2億5千1百萬年前

三疊紀的開始。其名來自於這個時期中形成的三個地層組合：邦特砂岩、殼灰岩、考依波岩。

2億4千8百萬年前

盤古大陸向北漂流，氣候變得比較溫和了。特提斯洋的位置在接近赤道處。岡瓦那大陸未來將形成東南亞的的部分板塊開脫離主體。強烈的季風吹襲岡瓦那大陸北部，濕氣往大陸中央挪移。即使如此，三疊紀的氣候大致上仍然是炎熱乾燥的大氣候。

2億4千5百萬年前

蕨和木賊一類的植物先鋒又重新占領空無一物的地區。原本是草食動物的四足類到了這個時期卻迅速演化。犬齒獸動物的型小，又敏捷，主控脊椎動物族群；在某些地區，牠們是化石的大宗。

2億4千3百萬年前

海平面又上升，海洋植物和動物的演化再度面臨劇變。

2億4千2百萬年前

海底動物重新組織，貝殼鈣質組成巨大的礁體。除了珊瑚和海膽，還有菊石和箭石等發展到其物種最高峰的頭足類，此時約有3千個不同的種。

2億4千萬年前

新的掠食者主龍越來越常見。牠們是能夠爬行，體型特別高大的鱷，有時使用兩根後肢行走，有的品種生有厚實的胸甲，有纖細靈巧的品種，是地表的霸王。

2億3千9百萬年前

某些蜥蜴家族經過的演化路線不同，也有了爆炸性的發展，在此時又走回老路：水裡。尤其是外形像魚的魚龍和蛇頸龍，有四肢演化而成的鰭狀肢，很快地成為體型巨大的胎生生物（身長可達25公尺）。

2億3千3百萬年前

針葉樹木也有重要的演化特徵：南洋杉、柏樹、紫杉、松樹都出現了。大型蕨類植物或棕櫚以及銀杏使慢慢恢復生機的森變得更豐富。

2億2千5百萬年前

從兩足的主龍開始發展出真正的「恐怖的蜥蜴」，也就是恐龍。恐龍一出現就是專門的肉食掠食者，並且還持續發展。獸目動物滅絕之後，讓出了新的生態棲位：大量的草食性物種。

2億2千1百萬年前

第一代的翼龍生出非常重要的第四指，還有外型越來越大，連接四肢的翼膜，開始飛上了天。恐龍至此分成兩個主要類別蜥臀目具有蜥蜴的骨盆，鳥臀目的骨盆則類似未來的鳥類。

2億1千8百萬年前

中國南部和北部的陸塊撞擊在一起，形成秦嶺。

2億1千5百萬年前

有些體型小，有毛的犬齒獸動物會發展成首批哺乳類動物，但是在此時仍然是食蟲的卵生動物，和老鼠差不多大小，越來會照顧幼小的下一代。

2億1千2百萬年前

氣候變遷導致新的海平面下降以及淺海區域乾涸。鹹水湖和大量岩岩開始形成。

2億9百萬年前

一顆巨大的隕石撞擊，造成曼尼古根隕石坑（在現今的魁北克）。

2億3百萬年前

環境劇烈騷動使主龍一類的原始爬蟲自此消失，更重要的是最後一批獸孔目動物也消失了。

侏羅紀

生態圈穩定後，地表各處再度被更多樣的動物占據。

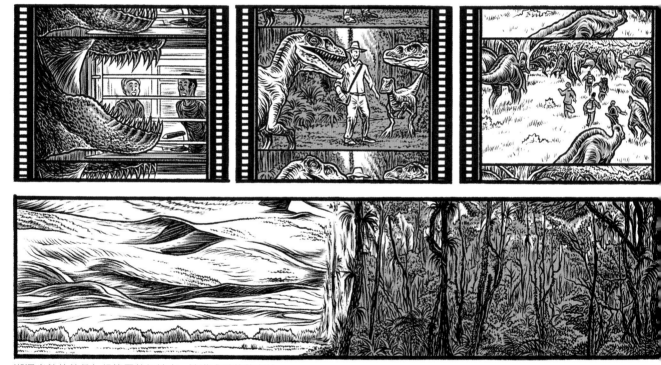

潮濕炎熱的熱帶氣候籠罩整個地表，沙漠成爲莽莽森林。

豐富的植相綠意盎然，植物種類繁盛，食物不虞匱乏。

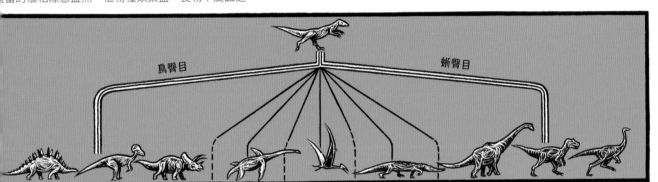

鳥臀目　　　　　　　　　　　蜥臀目

從兩個目發展出來的恐龍將慢慢成爲統御侏羅紀的物種。

體型分量漸增。

身長45公尺，體重90公噸，毫無發展限制。

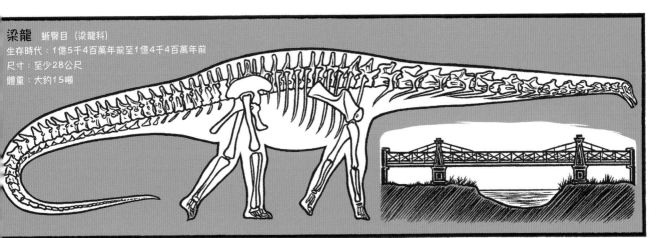

梁龍　蜥臀目（梁龍科）
生存時代：1億5千4百萬年前至1億4千4百萬年前
尺寸：至少28公尺
體重：大約15噸

要的骨架演化使牠們易於移動龐大的身軀。

萬物都逃不過龍吻——極長的頸子能搆到最高的南洋杉樹冠。

但長了腳的肉山終究也是別人的獵物，吸引身材越來越大的掠食者。

而恐龍並非唯一能演化出巨大體型的物種。

幾乎所有的爬蟲家族成員都利用環境優勢彼此競爭。

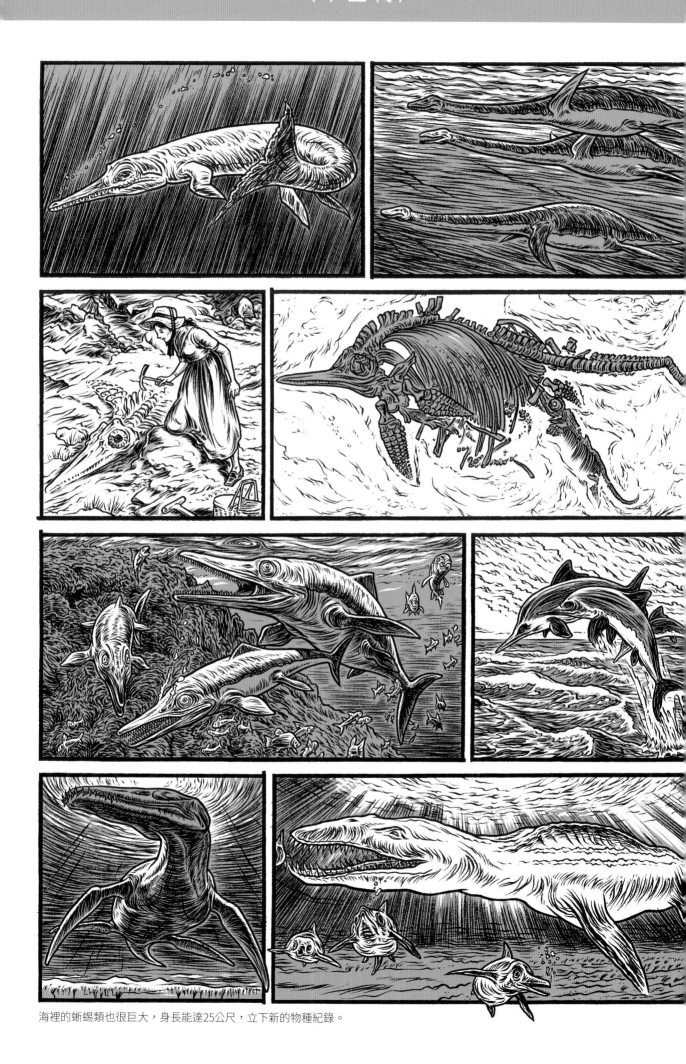

海裡的蜥蜴類也很巨大，身長能達25公尺，立下新的物種紀錄。

龍發展良好：除了交配和產卵，並不輕易降落到地面。

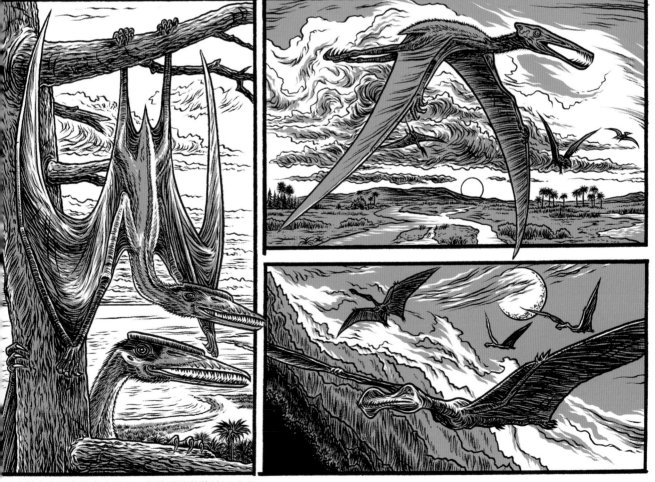

尺寸從麻雀到客機大小都有，翅膀張開後能達12公尺。

在地面和樹枝之間，正醞釀著天空霸主還沒察覺到的競爭者。

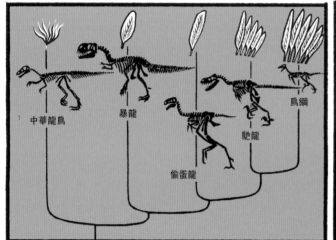

地面上某些蜥蜴家族成員發展出革命性構造：原始鱗片組成的羽毛！

接下來的幾百萬年間，披蓋羽毛的身體變輕，前肢轉變爲強健的翅膀。

會跳躍或飛翔的物種是第一代鳥類，擁有牙齒和爪子。

使命運多舛，此演化階段的主角們最終將在數百萬年中繁衍　　　出後代。

陸地上無敵的物種霸主是侵略性強又迅捷的掠食者，占領所有氣候帶。

時，大陸板塊仍然不停移動，帶來巨大變化。

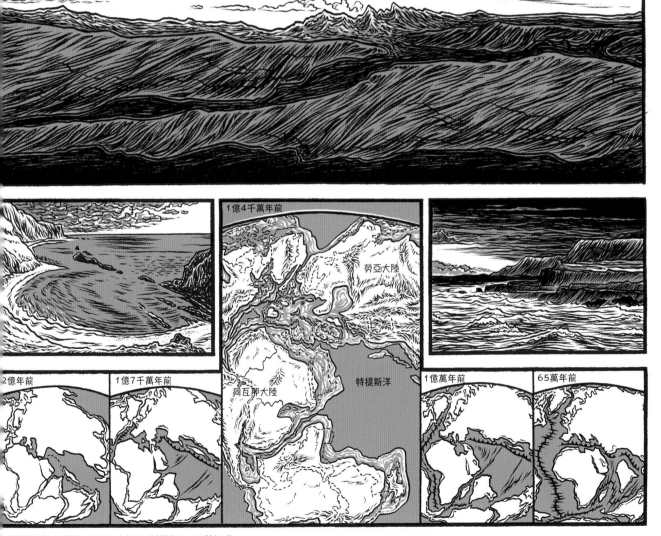

提斯洋在大陸南北兩半之間不斷前行。不僅如此……

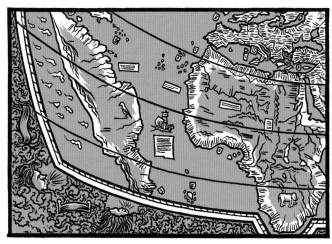

盤古大陸下不休止的壓力，使東西兩半板塊分道揚鑣。

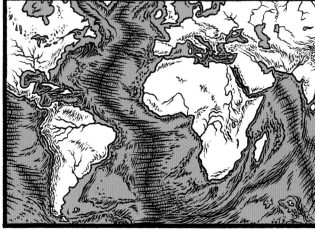

地殼分開，海水灌進兩個板塊之間，生成新的海洋：大西洋。

烈的騷動開始。

地球再次發生決定性的氣候變化。

層中又多了一層紀錄這場巨大物種滅絕的證據。

5.2.2侏羅紀：1億9千9百60萬年前至1億4千5百50萬年前

1億9千9百萬年前

侏儸紀嶄新的開端稱爲里阿斯世，這個紀元的氣候炎熱而且卽爲潮濕。海平面高度變化甚不一致，但是與三疊紀相較算是比較高的。大範圍的淺海區域漫過了大陸沿岸，是海洋生物理想的繁殖環境，比如各種礁岩環境。在接下來的1億年中，以死亡浮游生物居首的生物質量，不斷在中生代的海洋沿岸堆積（特別是岡瓦那大陸的北邊沿海），形成數百公尺的地質層。這些沉積層會繼續濃縮轉化，成爲富含油質和天然氣的岩層。

1億9千7百萬年前

此時不僅沙漠停止變大，還因爲沼澤和茂密的叢林逼退了沙漠範圍。針葉樹種繼續擴大領土，淘汰了種子蕨植物。

1億9千6百萬年前

三疊紀的物種中誕生出首批現代蛙類。

1億9千4百萬年前

有可能是恆溫動物的恐龍（所以比變溫四足動物具優勢）占領了從赤道經過熱帶，再到南北極附近的所有氣候帶。海洋和天空是蜥蜴類的天下。

1億8千9百萬年前

勞亞大陸和岡瓦那大陸之間的縫隙被特提斯洋塡滿，在此時延伸至巴拿馬，進而形成墨西哥灣，並且幾乎造成盤古超大陸的再次漂移。

1億8千8百萬年前

出現首批海龜和海鱷。

1億8千6百萬年前

草食性的蜥腳類恐龍變成地球上最大的動物。腕龍和地震龍（非常貼切的名字）能搆到比樹冠還高的高度，因爲牠們有很長的頸子，並且覓食習慣隨著侏儸紀的環境而調整。

1億8千4百萬年前

肉食恐龍（陸地上的肉食性兩足動物）演變得越來越強大。牠們在侏儸紀期間的代表是身長可達12公尺的異特龍。

1億8千萬年前

強烈的地震使北美洲與南美洲，以及歐洲和非洲之間的連接受到破壞，原本已經存在的縫隙變得更大了，造成長度1萬公里的斷層。出現一條細細的海道：大西洋誕生了。大量岩漿湧升至地函，不斷重塑海底樣貌。原本已經分開的陸地板塊相隔越來越遠，形成地球上最長的山脈：大西洋中洋脊。

1億7千4百萬年前

菊石、鸚鵡螺、烏賊、箭石動物在侏儸紀的海洋裡快速發展。有骨頭的魚類（眞骨類）繼續演變；首批具有軟質鱗片的現代魚類祖先在此出現。

1億6千9百萬年前

第一批眞正的哺乳動物（有袋動物在此時已經是胎生的了，但身長不過10至15公分，在夜間活動，捕食蠕蟲和昆蟲）繼續精進自己的特點，譬如哺乳或照顧幼小後代的能力，以及中耳內的聽小骨和頜部；牠們也透過毛皮、恆溫體質、更好的視力等優點進一步適應夜行生活。

1億5千3百萬年前

發展出第一代的被子植物，它們是「種子被隱藏起來」的植物，譬如木蘭。

1億5千萬年前

恐龍的祖先，兩足的肉食性手盜龍有羽毛了，誕生出第一代鳥類。這個演化現象最知名的代表就是始祖鳥。從牙齒和爪子來看，始祖鳥仍然介於爬蟲類和鳥類之間。在昆蟲界出現了首批白蟻。

1億4千7百萬年前

南極洲、南非和北美洲東部發生巨大的火山爆發，形成厚厚的玄武岩岩漿層。此前發展前景看好的物種遭受劇烈的變化。

1億4千6百萬年前

極不穩定的氣候使得抵抗力較弱的物種就此消失，地球卽將進入白堊紀。有機廢棄物質在接下來的數百萬年間不斷沉積，特別是在這一世結束前的大批物種滅絕期間，大量鈣質和頁岩因此將化石完整保留下來（比如在未來的蘇格蘭和阿爾卑斯山脈之間的化石）。

白堊紀

白堊紀伊始就出現新的物種棲身之處：綿延至極圈的樹林和沼澤。

物的樣貌完全改變了。

開始建立起現代的生長和繁殖模式。

被子植物

10
20
30
40
50
60
70
80
90
100
110
120
130

澤瀉亞綱
百合屬
檳榔亞綱
鴨跖草類
木蘭類
石竹亞綱
毛茛屬
五椏果亞綱
金縷梅亞綱
薔薇亞綱
菊亞綱

金蓮花

柏

石蒜

溫室效應極利於繁殖，更助長植物和昆蟲的演化。

285

植物用顏色和香味做餌。

昆蟲邊採集食物邊幫助植物繁衍。

Silvianthemum*
suecicum

＊　譯註：白堊紀晚期生長在瑞典已絕種的被子植物。

蜂和螞蟻現身，種類最龐大的昆蟲目「甲蟲」也上場。

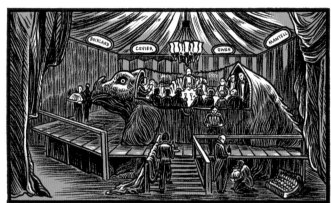

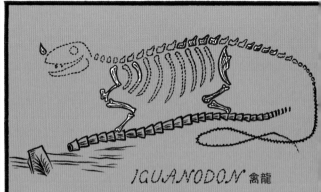

恐龍獨霸的朝代裡，發展出越來越奇怪的種類。

角龍

包頭龍

鳥龍　　　　　　　　　　　　　　恐爪龍

副櫛龍　　　　　　　　賴氏龍　　　　　　　　　　　　　櫛龍　　　　　小貴族龍

雖然無法從發掘出來的化石確立種類年表，我們仍可概括相信外型龐大的恐龍通常是防禦力低、且特別用心照料下一代的草食恐龍。

不止歇的食物鏈最高寶座爭奪戰在各處進行，水面下也不例外。

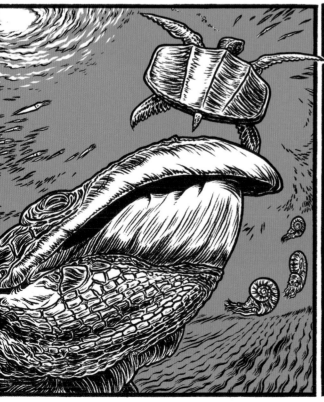

洋不斷製造生物質量：數以千噸計的微生物沉積在海底，形成白堊、鈣質，以及石油，表面又被沉積層覆蓋。

陸地上發展出盆形壯觀的肉食恐龍，比如暴龍。

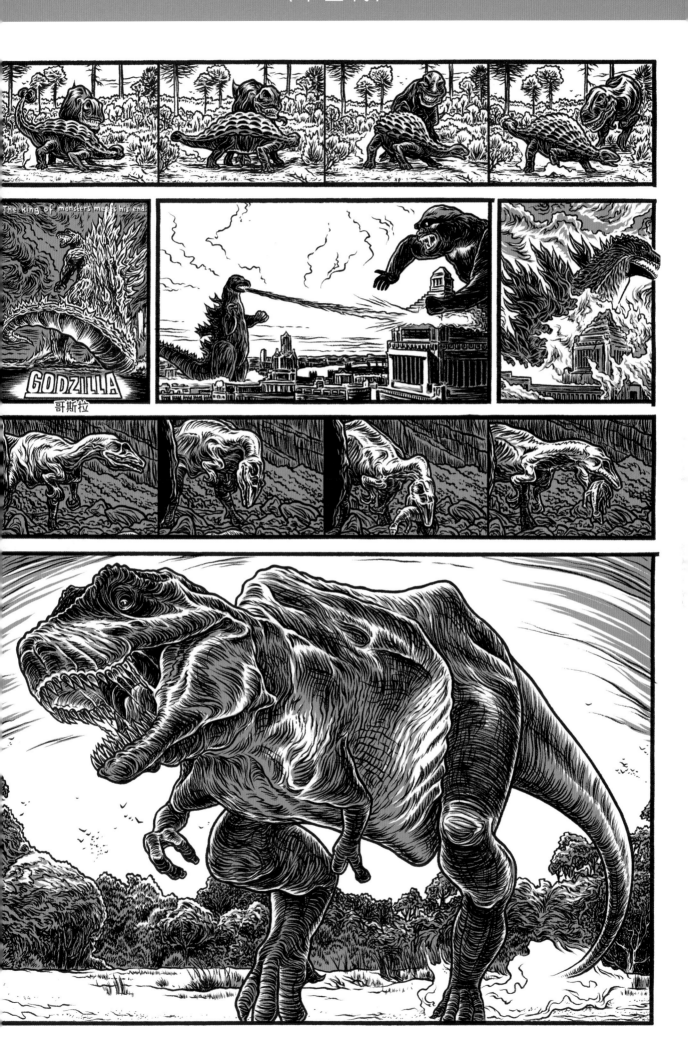

牠們凌駕其他脊椎動物，特別是演化版圖中尚嫌稚嫩的哺乳類和鳥類。

爲了回應身爲獵物的劣勢，這些物種發展出靈敏的小體型和優異的感官功能……

…適應力強，繁殖率極高，隨時準備占有釋出的生態棲位。

但下一個巨大滅種潮再度席捲而來：一顆直徑10公里，由岩石和冰塊組成的隕石。

猛烈的撞擊不但在墨西哥灣南部的石灰岩沉積層撞出一個大坑……

＊ 彗星來了！地球末日降臨

…隨之而來的地震還引發一系列撼動萬物的火山活動。

獄中揚起夾著岩石的火山灰風暴，終結恐龍的命運。

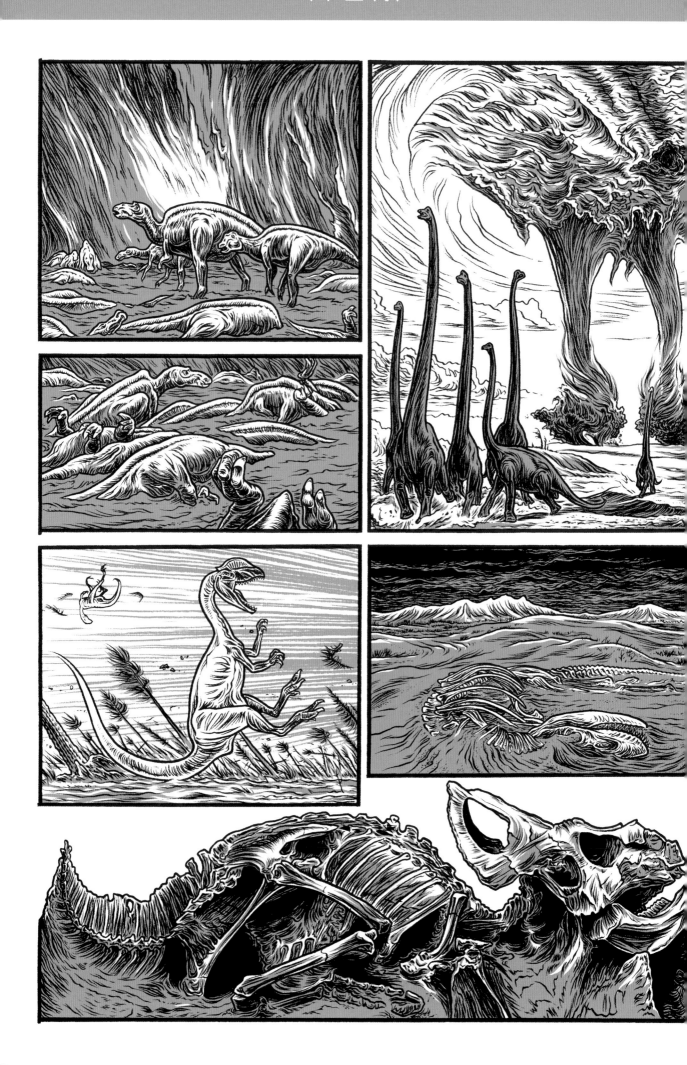

黑暗的天空自此籠罩地球，不時伴以暴風雨，持續了數千年。當天與地終於出現稍微和諧穩定的狀態時，地球已完全改觀……

5.2.3白堊紀：1億4千5百50萬年前至6千5百50萬年前

1億4千4百萬年前

與北邊的大陸分開之後，岡瓦那大陸開始分成不同部分：南美洲、非洲、印度、澳洲，和南極。由於這些區塊之間仍然保連結，使得植物和動物繼續移動；在幾千萬年之中，最小的澳洲大陸成爲第一個完全獨立的陸塊，這也是爲何澳洲擁有獨的物種面貌。

1億4千3百萬年前

出於溫室效應造成的高濃度氣體，地球的氣候又再度變得非常炎熱乾燥；一般公認白堊紀是地球史上最熱的一段時期。極的冰帽和大部分的冰河都已經融化，海平面變得非常高。

1億4千1百萬年前

植相有了變化：雪杉和和紅杉取代原始的蕨類、銀杏，以及針葉樹種。開花植物的演化速度加快，與幫助它們傳播花粉的蟲同步發展，開始征服地球。從不同形式的灌木衍生出：無花果、柳樹、楊木、懸鈴木；昆蟲類則有異翅和膜翅昆蟲、黃蜂、蜜蜂、螞蟻、以及甲蟲。

1億3千5百萬年前

恐龍中的蜥腳類和劍龍漸漸將地盤讓給甲龍、禽龍、鴨嘴龍和角龍，這個情形在北半球特別明顯。

1億3千萬年前

哺乳動物之中出現了首批胎盤動物，自此之後，便一直和牠們的卵生單孔目和有袋目表親爭搶棲地。

1億2千8百萬年前

首批群聚式的螞蟻巢穴化石，據判出於這個時期。

1億年前

海平面非常高，高於「正常」高度170公尺。淺海區域重新覆蓋廣大的陸地邊緣，新一批植物和動物物種再度繁衍。數百萬年來，擁有碳酸鈣外殼的微小生物布滿海底形成大量的白堊，成爲這個時期的命名原因。地球大部分的石油和天然氣在此生成的。

9千8百萬年前

地函的岩漿對流創造出新的海脊，大陸板塊之間相隔越來越遠。伴隨這個現象的還有劇烈的火山活動。岡瓦那大陸繼續分裂：馬達加斯加和漂往北方的印度分開，紐西蘭脫離澳洲。北邊的大西洋海灣將大不列顛島自拉布拉多半島和紐芬蘭，以及挪威自格陵蘭分開。西藏和東南亞的撞擊形成一系列高山。

9千4百萬年前

海裡出現滄龍家族，屬於活動力極強的掠食性蜥蜴，能長到15公尺長。

8千3百萬年前

除了能夠飛行和行走的種類，鳥類爲了適應水中生活，也發展出能夠潛水和游泳的品種。

7千5百萬年前

在肉食恐龍家族中，出現暴龍屬；最主要的品種是肉食恐龍中最大的雷克斯暴龍，能達到12公尺長。

7千萬年前

接近白堊紀末期時，地球各處的生存環境由於劇烈的火山活動變得每況愈下。許多動物和植物物種相繼死亡或極度弱化。洋後退，氣候一季一季地變冷。大尺寸的蜥蜴類不再能夠主導地表，鳥類、哺乳類、以及開花植物隨即大量繁衍。

6千5百50萬年前

一顆直徑10公里的隕石撞擊美洲猶加敦半島北部，在墨西哥灣裡形成直徑180公里的隕石坑，留下數以百萬噸計的石頭。黑煙和灰塵投射到大氣層中，使天色就此陰暗了數千年。一系列海嘯伴隨著高達1百公尺的波浪侵襲地表，破壞了無數的沿海地區。嚴重的地震加強了火山活動，位於印度中央，巨大的德干高原陸塊被大量熔岩覆蓋。這些衝擊地球各個角落的天災成恐龍的滅絕，以及中生代常見的植物和動物代表物種，比如菊石和樹蕨，大約70%的物種在此時滅絕。

第三紀

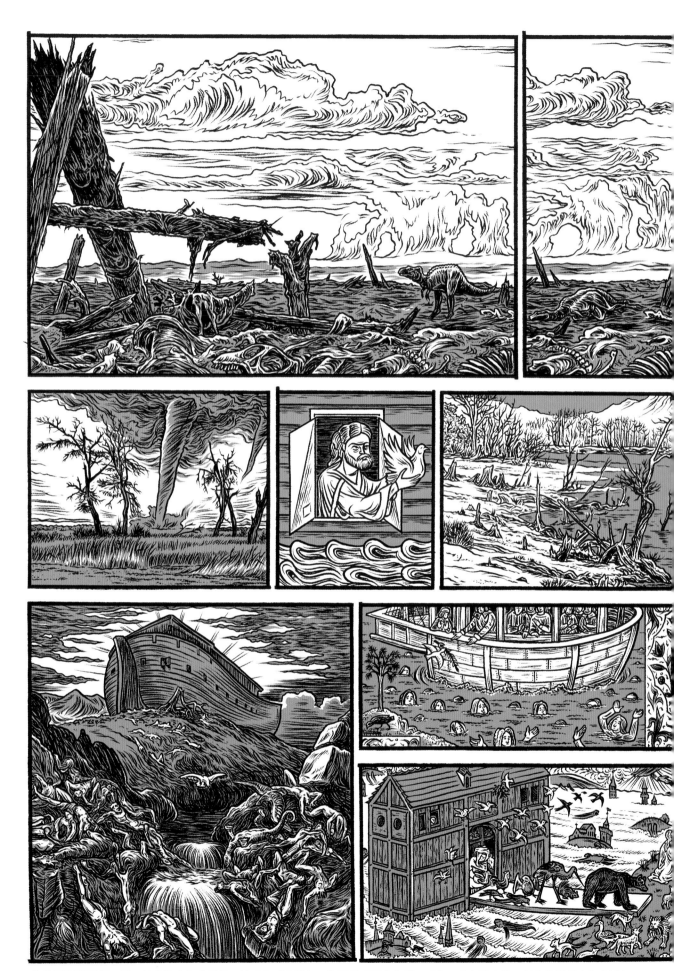

生物圈必須重組。除了其他許多生命形態，地球的「中世紀」期間最重要的物種：恐龍，也在過去幾百萬年的變動中全數滅絕。

夠全身而退的動物家族很少。

通才型態往往具有較佳的適應力。

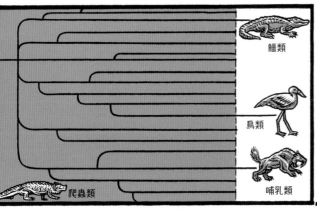

鱷類

鳥類

哺乳類

爬蟲類

✝ SERVVS XPIAGNELLVSEPISCHVNCPVRGVM FECIT

下來很長一段時間中，生命發展看似停滯。

但新環境裡有物種正在茁壯成長。

鳥類是「恐怖的蜥蜴」理所當然的接班人，大方坐上恐龍讓出的寶座。

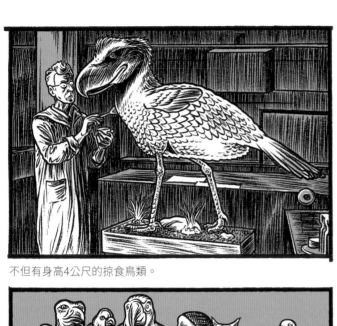

不但有身高4公尺的掠食鳥類。

小型燕雀也利用機會發展。

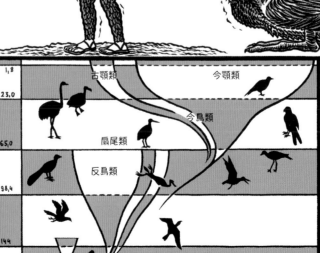

經無所不在的蜥蜴族釋出空間,哺乳類動物趁勢發展,迅速變大。

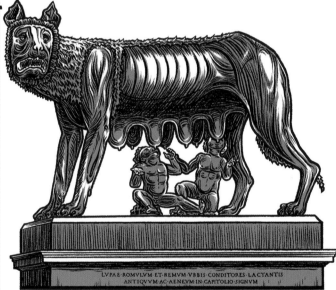

批胎生物種的後代甫出生時就必須接受哺乳呵護。

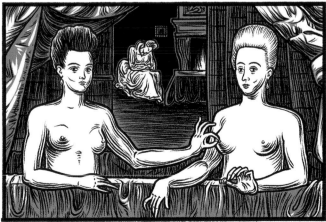

大膽實驗的時代展開，物種在接下來1千萬年間共同演化。

單孔目　翼手目　真盲缺目

有甲目　土豚科

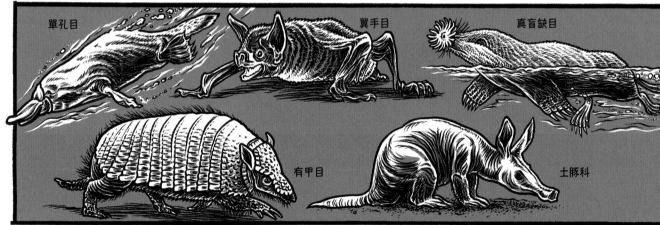

嚙齒動物首先神速繁殖。

接著是有蹄類、樹懶亞目、蝙蝠……

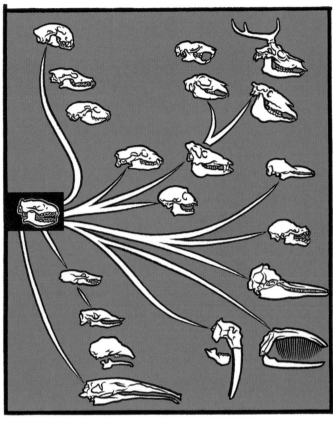

……不遲疑地占領了白堊紀物種滅絕後留下的生態空隙。

……批肉食動物迅速分化爲犬型亞目和貓型亞目，獵捕各種獵物。

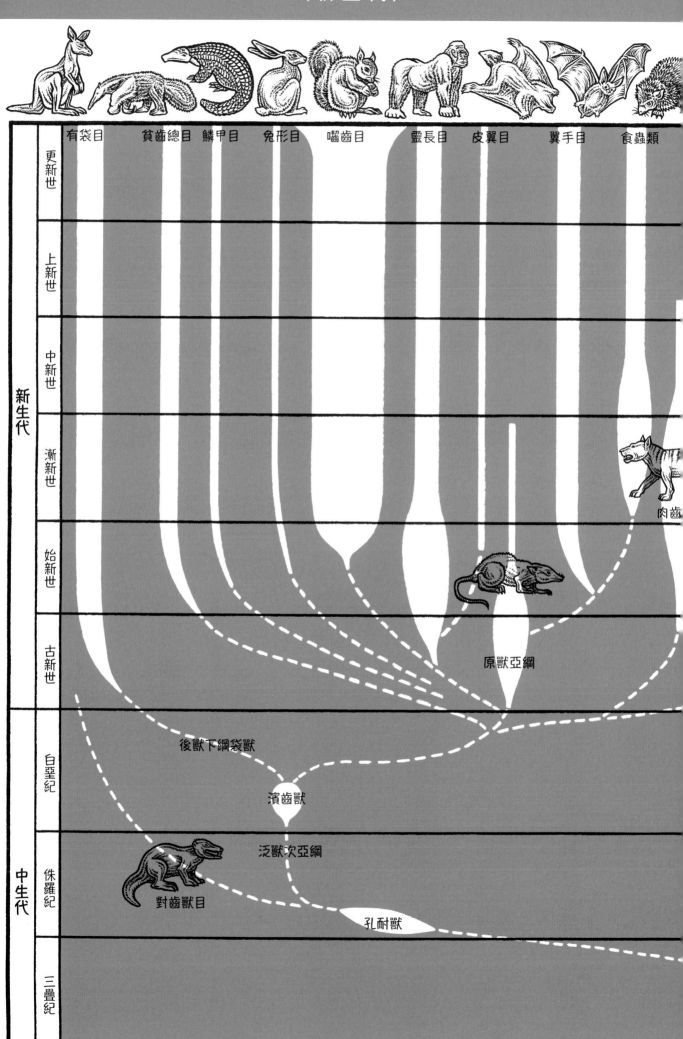

〈新生代〉

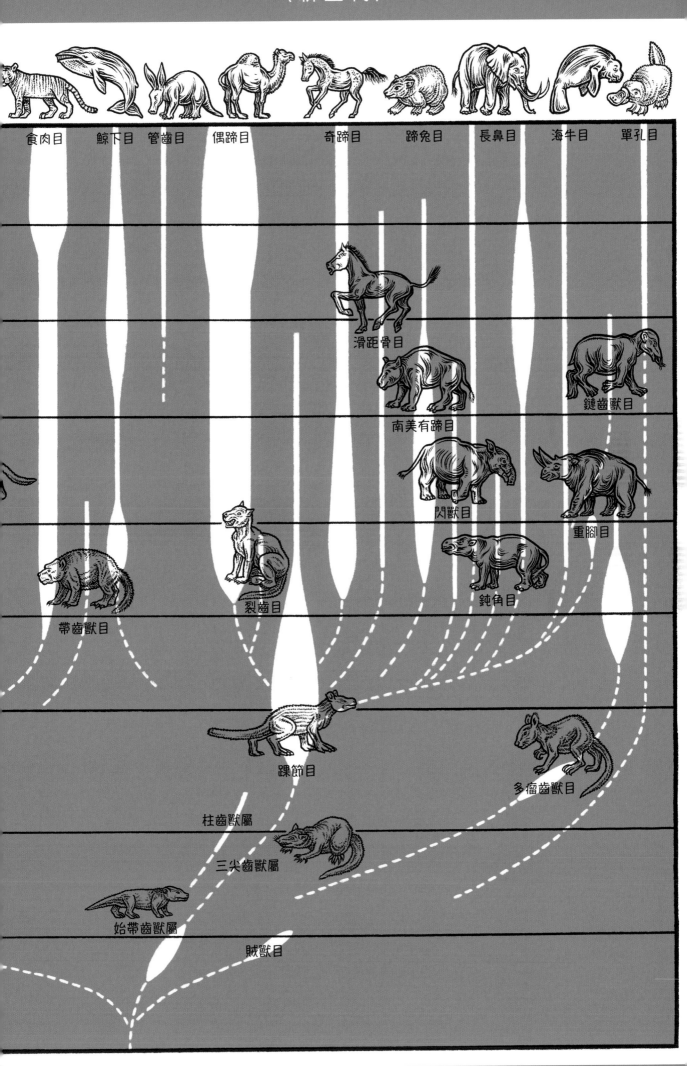

食肉目　　鯨下目　管齒目　偶蹄目　　　　奇蹄目　　蹄兔目　　長鼻目　　海牛目　　單孔目

滑距骨目

鏈齒獸目

南美有蹄目

閃獸目

重腳目

鈍角目

帶齒獸目

裂齒目

踝節目

多瘤齒獸目

柱齒獸屬

三尖齒獸屬

始帶齒獸屬

賊獸目

某些原始有蹄目又回到水裡，逐漸失去腳掌後學會了游泳。

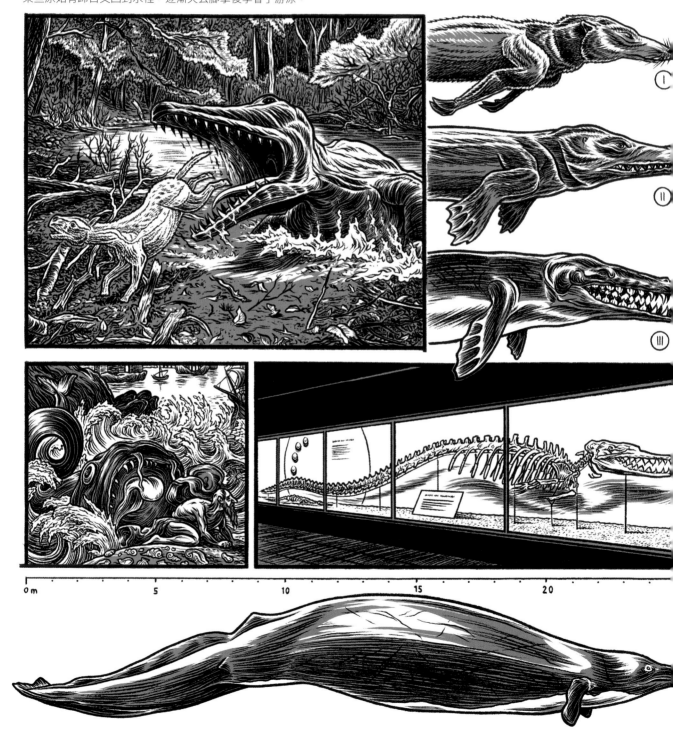

物仍然遵循適應法則，數百萬年之後出現海豚和鯨。

生物質量在無垠的森林裡堆積，數百萬年間建立起龐大的碳蘊藏量。

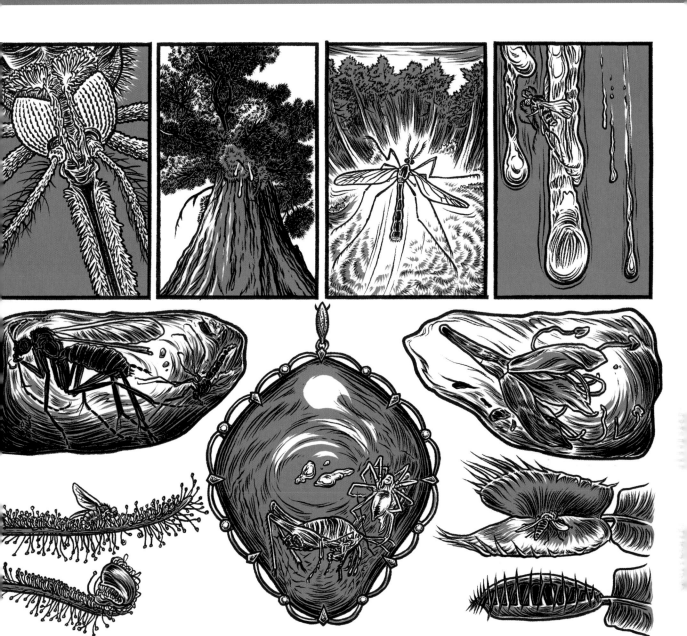

礦和琥珀裡有被完美保留下來的植物和昆蟲做為歷史見證。

絨毛草
Holcus lanatus

氣候重新恢復涼爽乾燥——森林範圍縮減，留下大塊地表。遠處響起小型變革的鐘聲：草本植物開始攻占全世界。

哺乳動物跟進。大型哺乳動物在一望無際的草原上長得更加巨大。

始祖馬

漸新馬

副馬

草原古馬

上新馬

真馬

本依附森林生活的物種走出森林，成爲草原的住民：馬匹出現了。

長毛象
(1百萬年前)

恐象
(5百萬年前)

嵌齒象
(2千萬年前)

漸新象
(3千5百萬年前)

始祖象
(5千萬年前)

亞洲象　(現代)

長鼻目動物也發展得異常蓬勃，出現令人敬畏的巨大體型。

此時陸塊拼圖漸漸成形；一條窄窄的地峽銜接起兩塊美洲陸塊。

山脈繼續形成：歐洲、非洲、亞洲大陸彼此接近的速度越來越快。

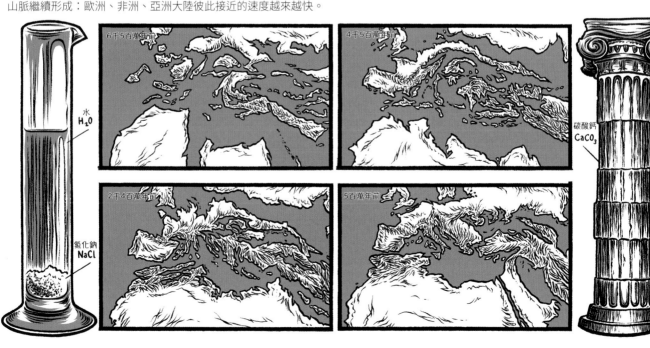

球溫度下降好幾度，第三紀在厚厚的冰層覆蓋之下迅速結束。

5.3新生代： 6千5百50萬年前至現代

5.3.1第三紀：6千5百50萬年前至1百80萬年前

6千3百萬年前

一直要到250萬年之後的古新紀，地球氣候、洋流、天空以及地面之間的互動關係才變得較穩定。

6千2百萬年前

大西洋裡的陸塊分離活動變得很快。大西洋中洋脊的其中一個「熱點」上開始出現島嶼。泰提斯洋繼續封閉；非洲板塊不斷擠壓歐亞陸塊，加速形成歐洲的高聳山脈：特別是造成阿爾卑斯山和庇里牛斯山的阿爾卑斯造山運動。

5千9百萬年前

巨型鳥類通常無法飛行（駭鳥科），身高可達4公尺，是平原上的霸主。牠們繼肉食恐龍滅絕之後就進駐了被空出來的物種生態棲位。如燕雀的第一批現代鳥類（能夠飛行的新顎類）在此時出現。至於哺乳動物中，除了小型種類，也發展出身重龐大或是有角的原始物種。

5千5百萬年前

始新世的氣候變化造成大氣層迅速增溫（攝氏10度以上）。如此的氣候促使大片熱帶森林迅速繁衍，歐洲、澳洲、北美和亞洲的褐煤累積量因而大增。哺乳動物的發展效率驚人（齧齒類、蝙蝠類、偶蹄類、奇蹄類、樹懶類、靈長類……），較古老的物種型態正在消失。

4千4百萬年前

從有蹄類哺乳動物短暫地衍生出兩棲型態，然後是真正的海洋哺乳動物，牠們的後代就是海豚和鯨魚。

3千6百萬年前

由於氣候又變得寒冷乾燥，大量的哺乳動物支系因而滅絕；能適應半乾旱氣候的灌木和地貌開始出現。

3千4百萬年前

哺乳動物在漸新世期間出現幾乎與恐龍一樣大的巨型種，但也同時有了更現代的型態：犀牛、駱駝、馬、兔子、豬，以及肉食類哺乳動物。後者又分為貓型亞目（如貓、貓鼬、鬣狗）和犬型亞目（狗、熊、狼、水獺、海豹等等）。漂往南極點的南極洲絕大部分與暖流隔絕，覆上了一層冰帽。

3千2百50萬年前

南美洲（由於巴拿馬地峽被淹沒）和澳洲（與南極洲分開）都和鄰近的大陸分隔了。

2千5百萬年前

樹懶類動物大繁衍的開始。

2千4百萬年前

中新世期間形成了阿爾卑斯山、安地斯山脈、以及洛磯山脈，同時還有世界最高的山脈群：最高峰達8千公尺的喜馬拉雅山，其成因是印度次大陸擠壓歐亞陸塊下方。

2千2百萬年前

草本植物從亞洲開始占領全世界：亞洲乾草原、非洲莽原、南美洲彭巴斯大草原相繼出現；很快地，五分之一的大陸表面都被草本植物覆蓋。反芻動物在世界各處爆炸性發展，數以百萬計的個體組成無數群居族群。隨之而來的是快速增長的掠食者，迅速適應了廣大原野生活。

1千5百萬年前

澳洲大陸往東南方漂移，與東南亞相撞，形成新幾內亞的一連串多山群島。

5百萬年前

由於太陽活動減緩，地球氣候在上新世期間再次變得寒冷；南北兩半球發生一連串的冰川作用，特別是北半球在某一段時間之內，幾乎三分之一的陸地表面都被一層厚達數公里的冰層封凍住。從極區到熱帶的氣候差異持續增大。數波物種滅絕衝擊著原始哺乳動物。

2百50萬年前

繼隔絕了3千萬年之後，主要物種為有袋類動物的南美大陸和它的北邊雙胞手足相撞，造成「南北美洲生物大遷徙」。由於巴拿馬地峽的形成，轉移了大西洋暖流流向，因而引發重要的氣候變化。

第四紀

新一波冰川活動降臨地球，包括歐洲北部、美洲北部、亞洲北部。

些地區的面貌徹底改變，生命臣服於寒冷的冰川。　　　　全部的生命嗎？不……

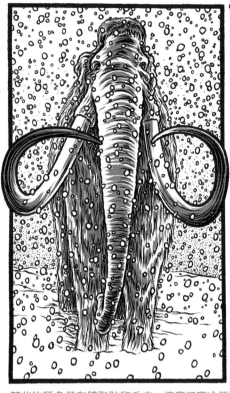

某些物種多虧有體脂肪和毛皮，適應了寒冷嚴酷的環境。

熊和穴獅能耐寒，還有身覆長毛的犀牛、大角鹿、狼、劍齒虎、……

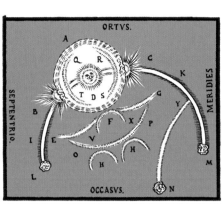

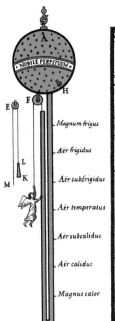

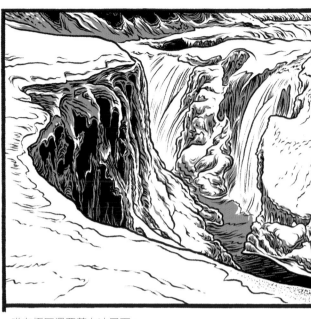

氣候終於遲緩地回溫了⋯⋯

唯有極區還覆蓋在冰層下。

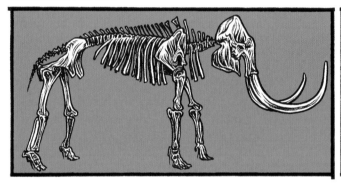

遼闊的莽原出現了……

植被非常稀疏……

布滿獵捕不完的動物。

5.3 新生代：6千5百50萬年前至現代

5.3.2 第四紀：1百80萬年前至現代

1百80萬年前

在更新世，世界臣服於新一波冰期，總共約二十幾次的起伏變化（也就是說寒冷和比較暖和的氣候彼此輪替，絕大部分的輪替韻律是先經過10萬年的寒冷，隨著是1萬年的和暖）。在最後一次冰期的高峰點，廣大的北美地區和歐亞大陸北邊，以及安地斯和西藏的高山紀區都被厚達數公里的冰層覆蓋。

地球大約5%的水都結冰了，90%的淡水都化為冰塊，使海平面下降幾乎1百公尺。

更新世中比較能夠適應環境的動物是能抗寒的史前象科動物（長毛象、乳齒象）、有蹄動物（長毛犀牛、大角鹿）以及掠食動物（洞熊、穴獅、劍齒虎）。牠們長成驚人的體型，並且發展出毛皮和肥厚的脂肪保持體溫，能夠保證牠們在漸漸被冰蓋覆蓋的凍原上存活。至於熱帶地區，則只剩下環繞赤道的狹窄地帶。

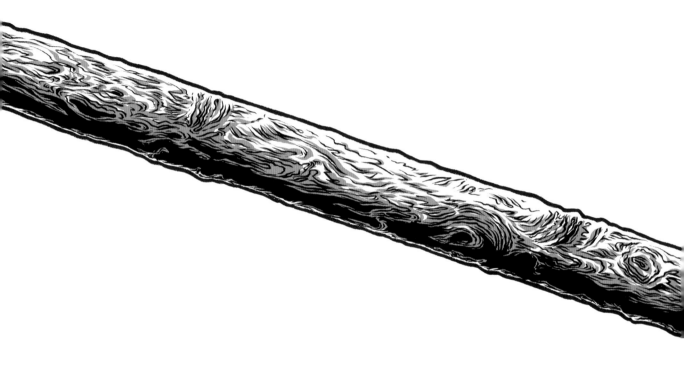

1萬年前

在全新紀的伊始，一陣新的暖化活動使冰層縮減至高山和極區內的冰河，海平面因此上升。大部分的大型哺乳動物除了受到氣候威脅之外，還同時被原始人類獵殺，因此沒辦法存活而就此消失。

現代

這是新時代的開始，我們人類的時代……

人類世

這是新時代的開始：「人類的時代」。

人類世在前面兩個地質時期裡已經邁出了初生的步伐：第三紀尾聲的上新世，以及整個第四紀。南猿和直立猿人等原始人類已經開始發展。

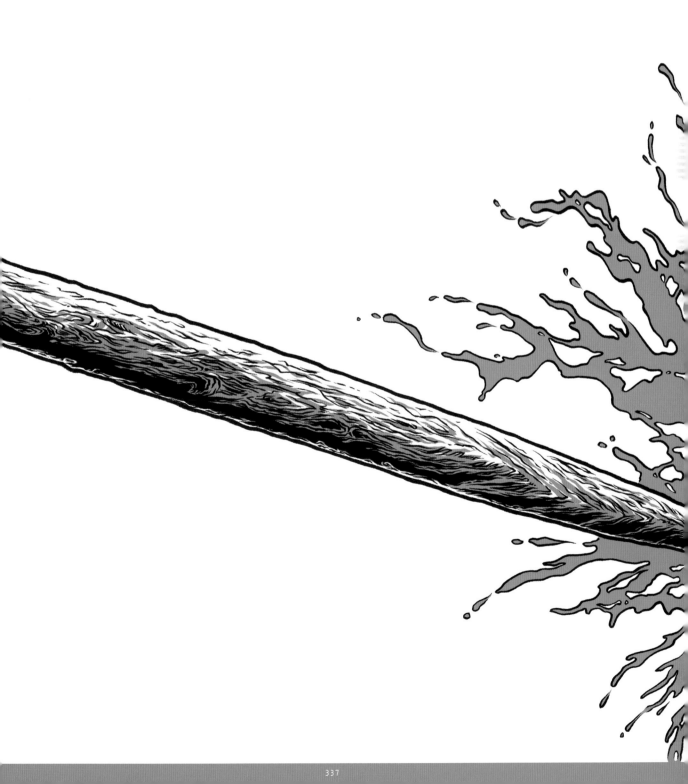

後記／前言

「歸根結底，只有兩個攸關人類的問題：一切是如何開始的，又將如何結束。」（史蒂芬‧霍金）

顯然，我們無法用一個簡單的答案來回答這兩個問題。關於第二個問題，我們可以相信時間會給出答案（只要我們不輕信魯莽的推論或流行一時的分析），或察覺到未來有可能重複發生與尚可堪用的模式，足以歸納出過往事件的連鎖反應或法則。關於第一個問題，我們能夠整合不同學門領域的研究以及這些研究所提出的模式，廣泛地結合不斷擴充的天文學、物理學、化學、生物學、古生物學、考古學等大量知識。

讓我們一起回顧過去的歷史吧！十九世紀突飛猛進的科學和技術引起人類對探究過往的興趣。歷史上頭一次，我們不再滿足於只將驚人的發現展現在世人眼前；我們同時也企圖使用《聖經》創世與洪水神話以外的方法解釋這些發現。在世界各地，挖掘工作使巨大的骨頭、形狀詭異的石化物體、古怪的巨大印痕、整片化成碳的森林得以重見天日。很快地，人們發展出各種展示這些物件的方法，自那時起，便稱其爲「化石」。先是在當時最熱門的世界博覽會裡展出；接著是各地巡迴或在新成立的博物館裡展覽。直到如今，專家們組成的探險隊依然一處不漏地深入地球最小的角落，在南極冰層上鑽洞，在所有的礦坑和建築工地裡搜尋嶄新的考古大發現。書報、雜誌、光碟、電腦動畫、網路討論版、紀錄片或甚至電影等各類出版品，對於這項主題也幾乎無法保有一個通盤的視野。

我也不例外。我大約最晚在六歲或七歲時，開始對地球的過往時光產生興趣。剛開始（早在電影《侏羅紀公園》問世之前）是許多小孩在同樣年紀都會有的「恐龍熱」。我的父母帶我去看古生物展覽，在柏林自然博物館前排上好幾小時的隊；還去包岑（Bautzen）附近不斷擴建的克蘭維爾卡（Kleinwelka）恐龍主題公園（在七〇年代末期，一位恐龍迷在自家院子一角用水泥塑造了幾隻恐龍；如今恐龍塑像遍布整片市立園區，公認爲德國同類展區裡藏量最豐富的）。我的故鄉環境對我這項興趣的養成，影響不可謂不大：我成長在前東德上勞西茨的魏斯瓦瑟城（Weißwasser, Oberlausitz）。在記憶中，那個地區從我很小的時候開始就被整頓了上百次，一直持續到現在。整個區域都被通過此地的冰河陸續刨磨過，連在最小的山丘頂上都可看出冰川活動的痕跡。冰層也留給我們幾樣紀念品：來自斯堪地納維亞半島各處的、光滑巨大的石塊，人稱「冰川漂礫」。此外，我們那個地區的地底下藏有大量褐煤。巨大的挖土機具不斷翻掘原始森林遺跡，破壞了數座索布（sorbe）村落和廣袤曠野，留下有如外星球的荒涼地貌。就連我自己也曾在巴克斯堡（Boxberg）發電廠裡實習過（人們總是驕傲地認證它是歐洲最大的褐煤發電廠）。我一度熱情投入其中，將這個第三紀所留下來的「黑金」遺產，轉化爲陣陣龐大的煤灰和能量。

由於父親的鼓勵，繪畫從很早開始就已成爲我最喜歡的消遣之一了。因此我除了玩味道嗆人、外型誇張的塑膠恐龍之外（這些是「波蘭製」的，味道較不刺鼻的是香港製造的，但卻比較罕見），還自然而然地畫起這些原始生物。因此，我理所當然地解構所有手邊能找到的恐龍形象——否則這本書也無法誕生。我很快發掘了捷克畫家茲德內克‧布利安（Zdenek Burian）的畫作。他筆下的史前景物具有不可思議的鮮活視覺效果，無人能及。於是我開始一次又一次地臨摹他在十幾本史前生物學刊物裡的畫作，並

將它們內化在腦海裡（希望大師能見諒我以這種方式向他致敬，畢竟他的作品常常是本書某些主題的唯一靈感來源）。

　　青春期的我，對恐龍的熱情稍退，但懷舊之情仍不時發作，我依然會從圖書館的書架上取下布利安的書籍來看（當時的我連一本都無法擁有，直到透過網路之便，我才找到一些書況良好的版本）。但是這種克制的心態通常轉瞬即逝，對於我今日所心繫的問題而言，世界以及生命起源的探問太核心、太重要了。宗教沒辦法給我解答，圍繞世界的神祕主義概念也辦不到。之後到了九〇年代，人們心中又縈繞著如何拯救生物圈的難題；如果我們細心關注這項課題，會發現它相當直接地將我們引導到過去在地球上曾經發生的浩劫景象、難以想像的氣候變遷作用、冰河期、多次的物種大滅絕。只不過這些事件幾乎是在數百萬年間分次發生的，而我們人類的作為無疑是在向大自然證明：一切還可以變化得更快。

　　「我們來自何方，又要去向何處」，這則提問激起我們的熱情。當我們目睹現今的發展，會發現演化論派與造物論派（相信只有一位至高無上的創世者）之間的鴻溝越來越大——東、西方都出現了基本教義派的回歸風潮，激進派的價值觀也固著不變。在美國某些學校裡，人們特別注意生物課的內容不能和《聖經》教義相悖；同樣地，有些人希望德國的學校教育禁止講授達爾文的演化理論。

　　然而，自達爾文的發現所發展出來的知識如此重要，我們必須將之視為一切演化的通行模式；我指的並不是那些走上種族主義歧途的奇怪理論——它們肇始於對「強者為王」法則的錯誤解讀。反之，它比較是一種持續不斷的發展——並不一定是演化歷程中的「進步」，因為乞援於過往的解答，或螺旋狀乃至週期性的發展也可能完全有效。變異、突變、共生、混合、趨同、適應——（這些作用）不僅在生物學上饒富價值，在技術演化層面亦然，更存在於社會關係、語言系統、建築或音樂等多元領域中；也不可避免地存在於否認這些（演化）法則的思想當中——如宗教及其世界觀、教義、辯證內容等。

　　我藉由本書首度嘗試集結我們能夠運用的所有視覺表現，從宇宙大霹靂這個起源點開始探索，想像我們已知的宇宙誕生過程。有點像從前針對不識字者所編印的圖像式《聖經》，但我們的目標讀者卻非文盲，內容本於科學基礎，不含任何教義上的拘限。但這並不表示書裡沒有神性的展現或任何宗教的象徵。相反地，我常常主動運用展現創造與原初力量的古老表達方式，以及傳說故事及天界神話裡的角色。因為這些表達方法有時會出乎意料地預見（即使並非格外強烈）某些過程，我們今日能看穿某些祕密，都是多虧了最新的科學發現，例如透過哈伯太空望遠鏡得到的影像或基因分析的技術。至於其他某些插圖則完全相反，它們或是純真得令人感動，或是非常荒謬、令人難以置信，使我忍不住把它們安插在有時顯得枯燥的粒子流假設性運動圖像的章節中，雖然它們不具解釋功能，而是與故事情節產生對比。

　　也因此，除了幾個細節之外，不應該將這本書裡的圖像視為我的個人創作。以這麼一個宏大主題的書來說，憑我自己的想像將過往歷史轉錄在紙上，這種作法並不會太有趣。反之，我從一開始遵循的概念是盡可能收集最多的圖像資源，然後在紙頁上整合。在本書裡，我想憑藉圖像創作，建立一幅演示3萬年人類歷史的全覽圖——文明初始圖像的回顧，從第一幅克羅馬儂人繪製的石刻壁畫到現代的3D圖像。我當然會希望納入眾多圖像大師的作品，從古代的鑲嵌畫創作者，到文藝復興時代的畫家及近數十年來最為知名的史前藝術典型繪者，再到漫畫的創作者（當主題或故事適合以漫畫風表現時）。以此觀點來

看，我們可以將本書視爲一部紀錄式的作品，因爲我所展示的不只是演化本身的過程，還包括了觀念的演化與世界樣貌的變化，以及我們對世界的想像與對萬物起源的看法是如何改變的。除了稍早引用的宗教用語（其正當性僅適用於當時的時空背景），我也想融入不同時代的科學插畫範例——其中部分對應到的是粗陋的知識條件，早已不合時宜（比如第288頁上方的禽龍）；其他如BBC迷人的資訊圖表式動畫則依然適用於當代。

　　我心心念念始終在思考「時間」這個無法捉摸的四度空間模式。沒有其他媒材比漫畫的連續圖像更能幫助我們貼近時間的概念；雖然僅僅用360張頁面展現超過1百40億年時空的做法似乎純屬玩笑（總共大約有2千張圖，平均一張圖涵蓋7百萬年的歷史）。特別令我著迷的是生命起源的浩瀚奧祕，它在我們人類眼中永遠是一椿「奇蹟」，因此我用本書不可忽略的一部分篇幅，嘗試以圖畫形式趨近該目標。在創作這本書的同時，我也很幸運地歷經了自家小孩的成長演化——從第一批模糊的超音波影像，到現在已經四歲半的他們；他們已經足以在五分鐘內將我們家客廳變成戰場，但也同時開開心心地創造出人生的第一批畫作。但是本書裡最核心的概念依然是：永遠沒有什麼是徹底完成的，沒有什麼是完美的，一切事物都在變化，就連這則故事也不例外。它不斷在變，最重要的是，從我四年半前開始創作這本書起，我們對這個世界的了解更是增進不少。許多事物都進一步獲得證實，也有許多事物早已被拋諸腦後，我只會偶爾想起它們。如果哪一天這本書能有新版增訂的機會，我絕對會添加或修改其中一些圖畫。誰知道呢？也許在那之前，已經會有其他畫家接手講述這個「宇宙誕生以來最長的故事」——我相信這個故事絕對值得傳頌。

延斯・哈德，2008年10月

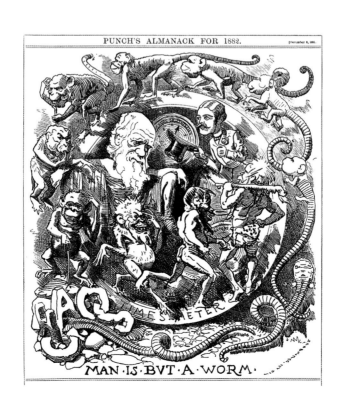

〈附錄〉

作者

——延斯・哈德 Jens Harder（1970年生於前東德魏斯瓦瑟），1996–2003年間於柏林魏斯瓦瑟藝術學校攻讀平面設計。

——多年來，在第二故鄉柏林擔任插畫家及漫畫作者；曾出版數本畫冊和故事書，得過各種國際獎項（2004與2010年德國愛爾朗根漫畫展最佳德國漫畫「馬克斯與莫利茲獎」、2007年e.o.普勞恩協會「佳作獎」、2010年安古蘭國際漫畫節「大膽創新獎」、2011年「漢斯・邁德獎」）。

——作品曾於德國許多城市展出，以及艾克斯（法國）、巴澤爾（瑞士）、美景市（巴西）、布里提巴（巴西）、日內瓦、耶路撒冷、里斯本、琉森、新西伯利亞（俄國）、奧斯陸、巴黎、愉港（巴西）、台拉維夫、蘇黎世……

——作品曾刊載於許多漫畫雜誌中（Mogamobo、*Nosotros somos los muertos*、Panel 等），並見諸漫畫集（2001 年 Monogatari 雜誌 *Alltagsspionage*；2003 年 Stripburger 雜誌 *Warburger*；2004 年 Monogatari 雜誌 *Operation Läckerli*；2005 年 Avant-verlag 雜誌 *CARGO-comicreportagen israel-deutschland*；2008 年 *Beasts Vol. II*，Fantagraphics 出版；2009 年 *Gods & Monsters*，NoBrow 出版等）。

延斯・哈德作品：

LEVIATHAN（德文／法文／英文／日文），Editions de l'An 2，2003.

La Cité de Dieu（法文），Editions de l'An 2，2006.

MIKROmakro（德文／法文），vfmk - Verlag für moderne Kunst Nürnberg，2007.

ALPHA…directions（法文），Actes Sud – L'An 2，2009 + Carlsen Comics（德文），2010.

BETA…civilisations（法文），Actes Sud – L'An 2，2014 + Carlsen Comics（德文），2014.

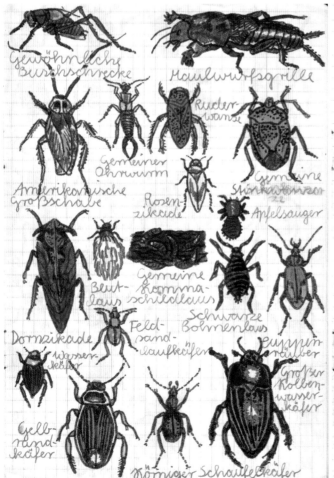

Gewöhnliche Buschschrecke

Maulwurfsgrille

Ruder-wanze

Gemeiner Ohrwurm

Gemeine Stinkwanzen

Amerikanische Großschabe

Rosen-zikade

Apfelsauger

Beut-laus Gemeine komma-schildlaus

Schwarze Bohnenlaus

Dornzikade

Feld-sand-laufkäfer

Wasser-läufer

Gelb-sand-käfer

Körniger Schaufelkäfer

Großer Kolben-wasser-käfer

Schlammröhrenwurm

Spinnentiere

Weber-knecht (Kanker)

Bücher-skorpion

hist-spinne

Zebraspinne

Sammetmilbe

Holzbock

Krebstiere

See-pocke

Wattkrebs

Kugel-assel

Edel-krebs

Chinesische Wollhandkrabbe

左頁：
劍龍大戰異特龍（臨摹茲德內克‧布利安作
品）／節肢動物 I 與 II 系列。

右頁：
蜜熊／恐鳥／白堊紀習作（臨摹茲德內克‧
布利安作品）／豹貓／乳齒象與長毛象。

1979-1981年間的速寫。

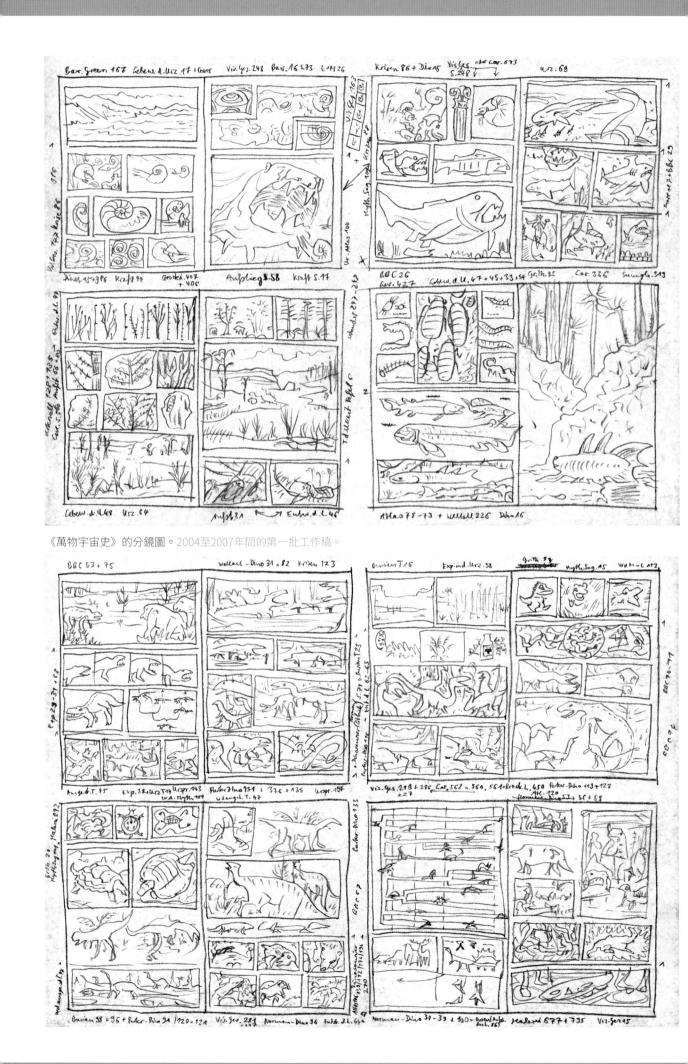

《萬物宇宙史》的分鏡圖。2004至2007年間的第一批工作稿。

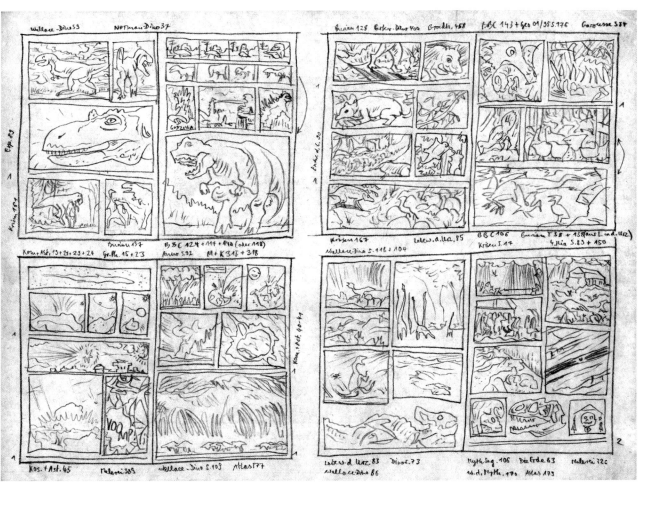

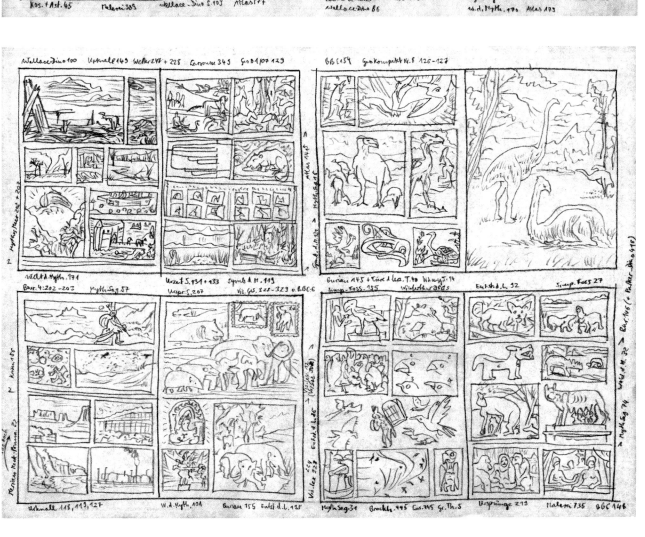

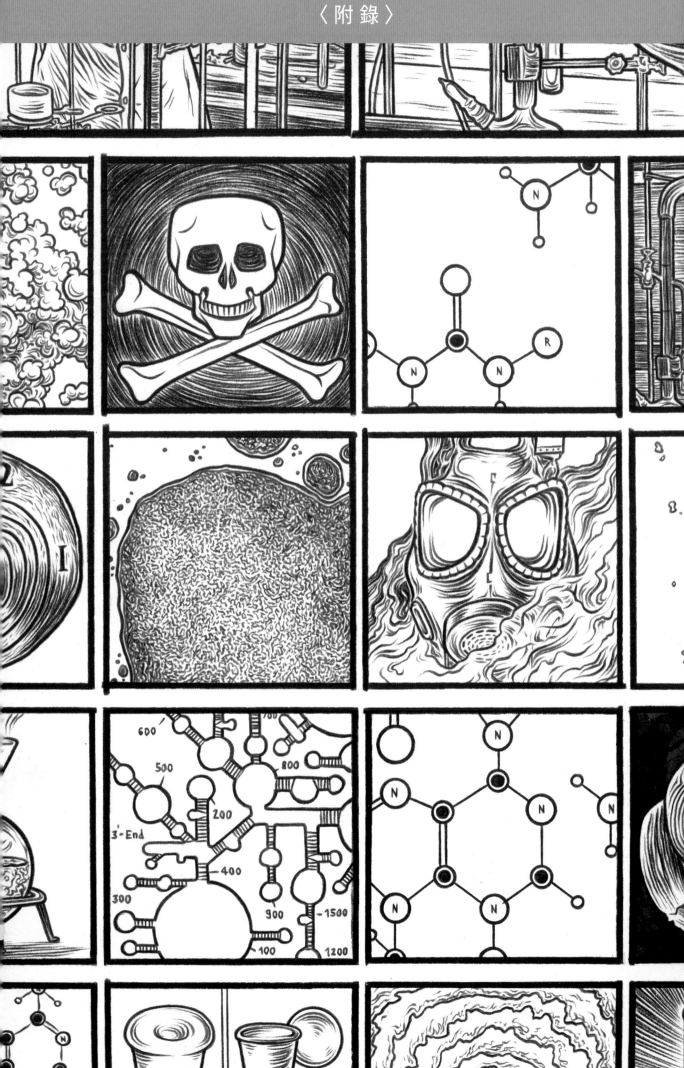

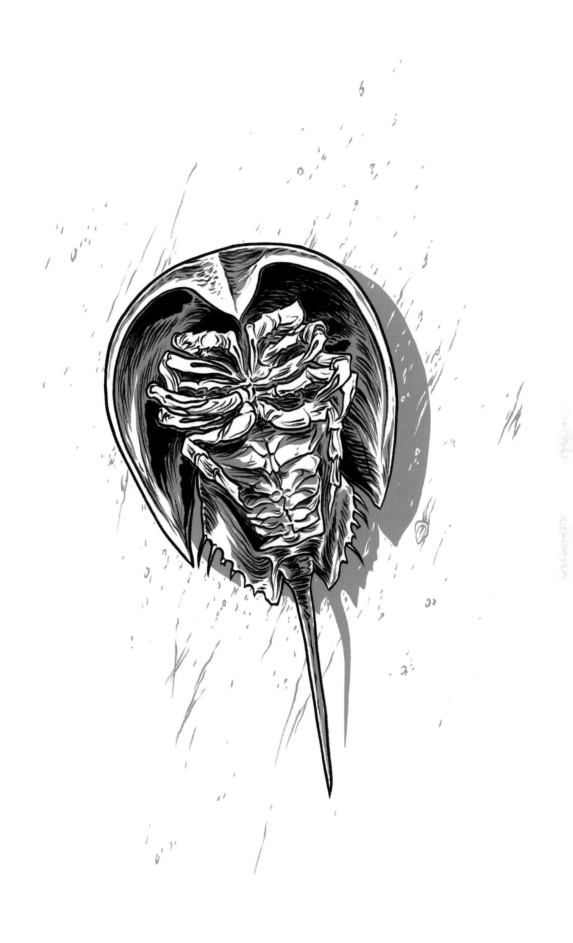

頁：《萬物宇宙史》的原始頁面摹描線圖（鉛筆和墨水，A3紙張）

〈附 錄〉

地質年表

隱生宙（生命尚在隱藏不顯的年代）

– 46億至5億4千2百萬年前

冥古代（冥王的年代）

– 46億至38億年前

太古代（原始時代）

– 38億至25億年前

元古代（生命開始出現的年代）

– 25億至5億4千2百萬年前

顯生宙（生命變得可見）

– 5億4千2百萬年至現代

古生代（地球的古老年代）

寒武紀	奧陶紀	志留紀
5億4千2百萬年前……	4億8千8百30萬年前……	4億4千3百70萬年前
泥盆紀	石炭紀	二疊紀
4億1千6百萬年前……	3億5千9百20萬年前……	2億9千9百萬年前

中生代

三疊紀	侏羅紀	白堊紀
2億5千1百萬年前……	1億9千9百60萬年前……	1億4千5百50萬年前

新生代（現代的地球）

第三紀

古新世	始新世	漸新世	中新世	上新世
6千5百50萬年前	5千5百80萬年前	3千9百90萬年前	2千3百03萬年前	5百33萬年前

第四紀

更新世	全新世
1百80萬年前	1萬1千5百年前

創世的六天
摘自十六世紀里昂版《聖經》

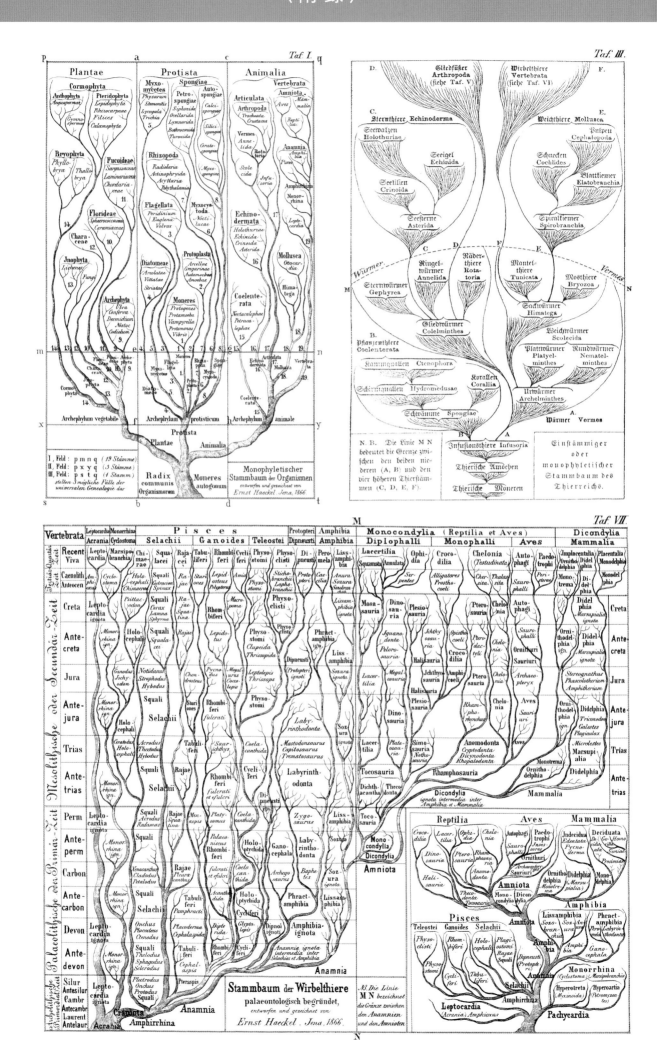

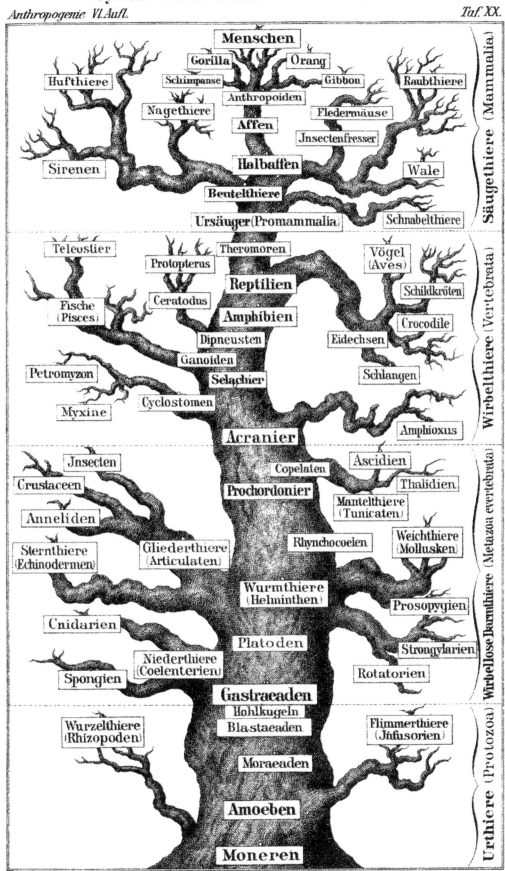

左頁：生物／動物／脊椎動物的基因樹。
來源：恩斯特‧海克爾《Generelle Morphologie der Organismen》，1866年。
右頁：人類的基因樹系統。
來源：恩斯特‧海克爾《Anthropogenie oder Entwicklungsgeschichte des Menschen》，1874年。

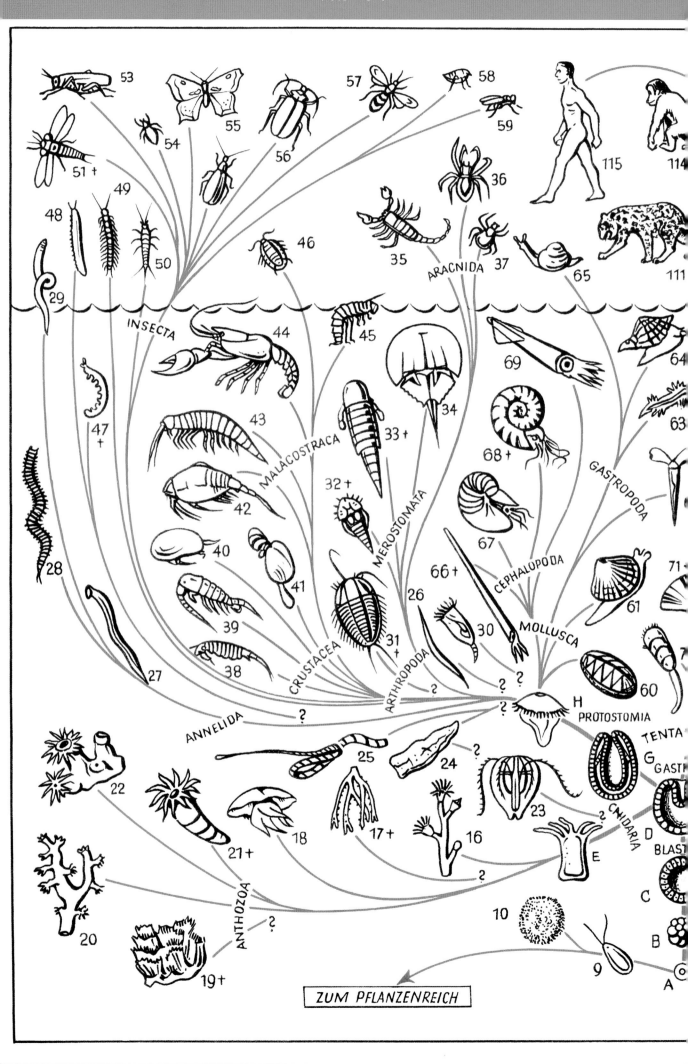

ZUM PFLANZENREICH

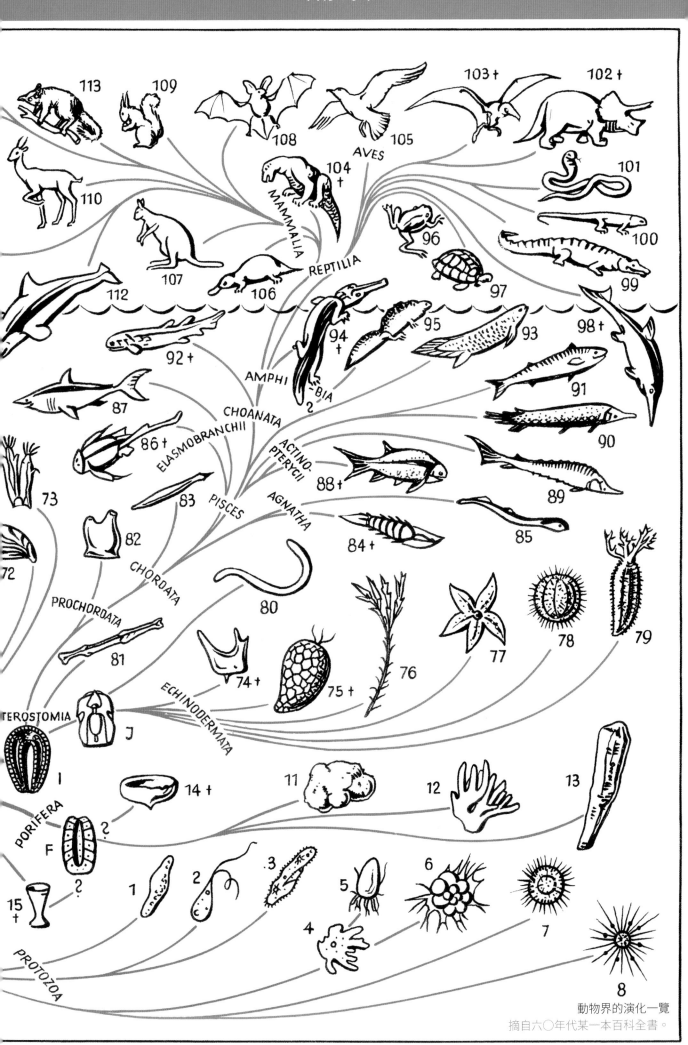

動物界的演化一覽
摘自六〇年代某一本百科全書。

Benjamin Waterhouse Hawkins（1854年）

Neave Parker（約為1960年）

Benjamin Waterhouse Hawkins（1859年）

首先是四足……

根據Robert Owen在於倫敦水晶宮舉行的世界博覽會中提出的尺寸完成的實際比例塑像；以及根據塑像完成的繪圖。

然後是以後肢直立。

這幅畫是根據符合解剖認知的科學數據繪製，骨盆近似於鳥類的。

恐龍（2010年）

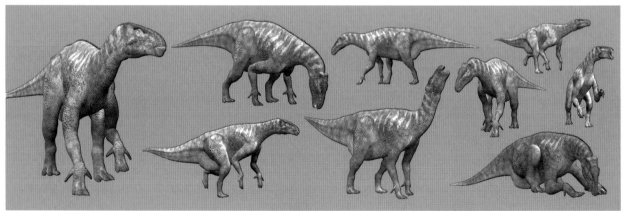

再到今天的四足著地。

以現代認知畫出的3D立體模型：牠們主要靠著四隻腳移動，尾巴負責平衡（繪圖軟體為Poser 5-8／DAZ工作室）。

不同階段的史前物種表現方式，以禽龍為例（1822年發現）。

（也可以參考288頁上方右邊一幅很久以前Gideon Mantell的畫／本頁上方左邊是Hawkins為了在水晶宮招待史前學學者晚餐而做的雕塑）。

靈感 adams, audubon, auster, blu, borges, bruno, comenius, couché, darwin dawkins, debeurme, dennett, diamond, ford, forster, eco, hawking, hooke, larousse, lautréamont, lem, mare, margulis, mattotti, miyazaki, morris, murakami, musturi, ovid, pettibon, poe, pynchon, rabelais, schwägerl, scape, seba, shubin, strugatzki, verne, ware, wolverton

音樂 bell, clark, ellison, fsol, funk, james, jelinec, jenkinson, jenssen, jerome kozalla, lippok, oceanclub, patterson, peel, plaid, sandison, vibert, warp

感謝 ACBD, AS-BD, BBC, BD-FIL, CNBDI, CRS, CS14, CSV, FIBD, FIQ, GBS, GEO, HMS, KHB, MPG, NAFÖG, NSLM, SMNK, VFMK, VG B+K, ZLB

參考資源 de la beche, bosch, botticelli, brueghel, burian, busch, cranach, disney, doré, dürer, ernst, flammarion, furtmayr, giacometti, van gogh, goya, grandville, grünewald, gurche, haeckel, hallett, hawkins, henderson, hergé, hokusai, holbein, lichtenstein, magnus, magritte, mccay, mcguire, merian, michelangelo, pisanello, raffael, sibbick, tanaka, trondheim, da vinci, wegener, woodring etc.

致意 alex, andra, andreas, anna, anne, auge, augusto, ayelet, barbara, bastién, benjamin, cecile, chiqui, christian, claudia, conny, constanze, cuno, cristo, detlef, diez, dino, dirk, einat, emmanuel, evelyn, ferdinand, fernanda, fil, frederik, gabi, grit, guido, gianco, gottfried, gregor, hannes, hans, henni, hennink, henrik, henry, hülia, iliana, jan, joachim, john, josé, josepha, kairam, karsten, katharina, kati, klaus, konrad, lara, lars, laureline, leó, leoni, liane, line, lothar, lucie, manuele, marc, marcel, mario, marion, martin, matthias, mawil, max, micha, mimi, myriam, nanne, naomi, niki, norbert, okko, opp, pascal, paul, pedro, peter, pia, pierre, ralf, reinhard, reinhold, roberto, roland, sabine, schyda, sebastian, sébastien, serge, stephan, stephen, stéphanie, thaís, thierry, thomas, tim, tine, titus, tom, tomi, uli, valis, verena, vicki, viola, xoan

以及所有我忘了在此感謝的人

還有我的家人，特別是我親愛的 Franziska 和我們的小孩 Charlotte 和 Matteo。

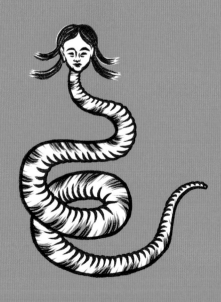

〈 附 錄 〉

圖像來源

Francesco Albani 佛朗切斯科・阿爾巴尼 226頁上左；Ardea 阿爾迪亞 243頁上左；*Aurora consurgens*《曙光降臨》77頁右中；Carl Barks 卡爾・巴克斯 198頁底／288頁底；Henry Thomas de la Beche 亨利・湯瑪斯・德拉貝許 271頁下；David Bergen 大衛・卑爾根 289頁下左；Maître Bertram 貝爾傳大師 178頁底；Hildegard von Bingen 赫德加・馮・賓根 80頁中；Hieronymus Bosch 耶羅尼米斯・博斯 172頁二排左及右／179頁上左及左排中／227頁右上；Sandro Botticelli 桑德羅・波提切利 150頁二排中／176頁上右；Robin Bouttell 羅賓・包特爾 216頁上；Wilhelm Busch 威廉・布施 329頁二排左／332頁二排左；Frères de Limburg 林白兄弟 320頁三排左；Pieter Brueghel l'Ancien 老彼得・布呂赫爾 230頁中右；Zdenek Burian 茲德內克・布利安 134頁上右／165頁／168-169頁／185頁上／187頁底／190頁底／193頁／194頁底／195頁上及中左／196頁底／199頁中上／202頁底／210頁底／211頁中／214頁上左／219頁／221頁上左／222-223頁／224頁上／225頁底右／229頁二排／230頁底／231頁底／238頁底／239頁右上／240頁底右／241頁中及底／243頁底／247頁／248頁底左／249頁底中／250頁底左／251頁底右／253頁上及底／256頁上左／258頁二排右及底／259頁上左及四排右／263頁／265頁三排左／268-269頁／272頁三排左／275頁／283頁／288頁三排／289頁三排左／292頁／294頁底右／296頁上左／297頁中／303頁／306頁中／307頁／309頁上右／310頁二排左及四排第三／311頁二排及底／316-317／318頁上／321頁右上及底左／322頁上左及底右／323頁／327頁／330頁底／331頁二排、三排及底／334頁，以及封面的數個插圖；Théodor de Bry 特奧多雷・德・布里 175頁二排；Michelangelo Caetani 米開朗基羅・凱塔尼 127頁上左；Schnorr von Carolsfeld 史諾爾・馮・卡洛斯菲爾德 90頁二排左；Karen Carr 凱倫・卡爾 291頁上／332頁底；Annibale Carracci 安尼巴萊・卡拉奇 175頁上左；Andreas Cellarius 安德列亞斯・塞拉里烏斯 57頁中左／61頁中左；Jean-Loup Charmet 尚-盧・夏和梅 261頁上左；Zhao Chuang 趙闖／Xing Lida 刑立達 274頁上中；Lucas Cranach l'Ancien 老盧卡斯・克拉納赫 305頁上右；Charles Darwin 查爾斯・達爾文 308頁二排右；*De Sphaera mundi*《寰宇世界》156頁三排中；Gustave Doré 古斯塔夫・多雷 252頁底右／297頁右上／304頁底左；John S. DuMont 約翰・S・杜蒙 321頁底右／325頁上左；Albrecht Dürer 阿爾布雷希特・杜勒 277頁上排中／281頁上排中／310頁底左；Ecole de Fontainebleau 楓丹白露畫派 309頁底右；Max Ernst 馬克斯・恩斯特 179頁上右／226頁二排；Euphronios 歐弗洛尼奧斯 175頁上右；Caspar David Friedrich 卡斯帕・大衛・佛利德里希 285頁二排左；Berthold Furtmayr 貝爾托德・佛特麥爾 148頁上右；Giacometti 賈科梅蒂 179頁中右；Vincent van Gogh 文生・梵谷 285頁中；Gerhard Großmann 格哈德・葛羅斯曼 287頁二排右；Francisco de Goya 法蘭西斯科・戈雅 175頁中；Grandville 葛洪維爾 65頁中／69頁中；Matthias Grünewald 馬蒂亞斯・格呂內瓦爾德 258上左；約翰・古爾奇 John Gurche 172頁底／213頁／240頁上／270頁上右及中／276頁二排及底右；Ernst Haeckel 恩斯特・海克爾 176頁底／80頁上中、中左及中中；Mark Hallett 馬克・哈雷特 266頁底；Benjamin Waterhouse Hawkins 便雅憫・瓦特豪斯・郝金斯 261頁上右及三排左／288頁上左；Gerhard Heilmann 格哈德・海曼 289頁上左；Doug Henderson 道格・韓德森 251頁上；Hergé 愛松 209頁底中；Ernst Hodel junior 小恩斯特・侯德爾 328頁底／329頁底；Hokusai 北齋 82頁底右／92頁底／99頁上右；Hans Holbein l'Ancien 老漢斯・侯拜因 261頁底；William Holman Hunt 威廉・霍爾曼・亨特 320頁三排中；Johannes Kepler 約翰尼斯・克卜勒 35頁上左／39頁上左；Athanasius Kircher 阿塔納奇歐斯・基爾學 79頁中；Steve Kirk 史提夫・柯克 258頁三排／259頁上左／290頁底左；Charles R. Knight 查爾斯・羅伯・奈特 309頁二排左；Vlad Konstantinov 弗拉德・康斯坦丁諾夫 289頁底右；Roy Lichtenstein 羅伊・利希騰斯坦 298頁底右；Olaus Magnus 烏勞斯・馬格努斯 211頁上／287頁二排右；René Magritte 何內・馬格利特 76頁中左；Mansell／Time Inc. 曼塞爾／時代公司 299頁二排左；Gideon Mantell 吉迪恩・曼特爾 288頁上右；Raúl Martin 勞烏・馬丁 267頁底；Jay Matternes 杰・馬騰斯 321頁左上及二排左；Winsor McCay 溫瑟・麥凱 265頁三排右；Richard McGuire 里查・馬奎爾 290頁二排中；Michael Maier 麥可・麥爾 261頁中右；Maria Sibylla Merian 瑪麗亞・西碧拉・梅里安 237頁底／286頁底；Michel-Ange 米開朗基羅 76頁左上；Colin Newman 科林・紐曼 229頁三排／231二排；Edward Newman 愛德華・紐曼 254頁底右；Novosti Photo Library 諾瓦斯第影像庫 332頁二排右；Ken Oliver 肯・奧利佛 242頁三排右／290頁二排左；Oxford Scientific Film Ltd. 牛津科學映像公司 251頁底左及三排左／274頁左上及右上／288頁底右；Gregory S. Paul 格雷戈里・S・保羅 270頁底右／294頁上／300頁三排右；Tom Stimpson 湯姆・史堤普森 260頁上；Antonio Pisanello 安東尼歐・皮薩內羅 243頁底右；Priamo della Quercia 普利亞墨・德拉・貴爾西亞 127頁上中及右；Raphaël 拉斐爾 226頁右上；Thomas Rathgeber 湯瑪斯・拉斯格柏 294頁中；Ludger Tom Ring le Jeune 小路格・托姆・靈 319頁底中；Giulio Romano 朱利奧・羅馬諾 232頁上中；Hartmann Schedel 哈特曼・施德爾 103頁上；Frans van Schooten 法蘭斯・梵・舒騰 125頁上；Science Photo Library 科學相片圖庫 291頁底右；John Sibbick 約翰・西比克 175頁底／209頁上及中左／212頁底／217頁上右／229頁底／235頁／238頁上右／242頁上右／243頁三排／253頁中／255頁上／256頁底左／266頁上／271頁上右／272頁三排左／276上右／278頁底／279頁上／288頁二排／300頁中右／309頁底左／325頁上；Jan Sovak延・索瓦克 320頁底；Masashi Tanaka 田中政志 257頁上；Tapisserie de Bayeux 巴約掛毯 67頁底右；John Tenniel 約翰・坦尼爾 308頁二排左；Lewis Trondheim 勒維・特宏戴 239頁底；Léonard de Vinci 李奧納多・達・文西 90頁三排右／92頁上左；Johann Wechtlin 漢斯・威克林 174頁中；Alfred Wegener 阿爾佛雷德・魏格納 280頁二排左；Jim Woodring 吉姆・伍德靈 180頁二排右。

同時還有以下這些電影的鏡頭：

Le Voyage dans la Lune《月球之旅》85頁底右；A Bug's Life《蟲蟲危機》237頁四排中；Fantasia《幻想曲》265頁底左；Godzilla《哥斯拉》295頁二排；Jurassic Park《侏羅紀公園》264頁二排／290頁二排右；Moby Dick《白鯨記》315頁底左；BBC公司的三段式紀錄片 Walking with beasts《與獸同行》297頁底左／306頁上／309頁三排右／310頁二排右／314頁上右及中左／315頁上左及底右／330頁上中及上右／331頁上；Walking with dinosaurs《與恐龍共舞》250頁上及二排／252頁二排／255頁中左及底／257頁三排及底／259頁二排／270頁底左／272頁底左及右／273頁底右／278頁上／284頁底左／289頁上右／290頁底右／291頁中及底／295頁上、三排及底／297頁上左及底左；Walking with monsters《與巨獸共舞》190頁上／208頁中及底／209頁中右／226頁四排中／227頁底左及右／228頁上左／240頁中／241頁上／242頁上左及二排／248頁底右／249頁上及右。

有些圖的靈感來自於各種傳說：原住民部落、伊奴特、居爾特、斯拉夫、非洲神話、印地安、波里尼西亞和斯堪地那維亞、古埃及神祇、日耳曼、希臘羅馬和波斯、佛教、基督教、道教、印度教、伊斯蘭教、猶太教、圖示論、神道教，以及石器時代的狩獵文化等等。

作者還要感謝他在這本書中所使用的圖片原始插畫家、畫家、漫畫家、攝影師、影片工作者和雕塑家。

我借用的約翰‧西比克插畫作品主要來自以下著作：

《恐龍的演化與滅絕》 *The Evolution and Extinction of the Dinosaurs*，大衛‧E‧法斯托斯基／大衛‧威斯漢坡爾David E. Fastovsky/David Weishampel合著。©1996年劍橋大學出版社Cambridge University Press。

《圖解翼龍百科》 *Illustrated Encyclopedia of Pterosaurs*，彼得‧威藍侯菲爾Peter Wellnhofer著。©1991年新月Crescent出版社。

我特別感謝擁有捷克畫家茲德內克‧布利安作品版權的相關作者，准許我借用與文章主題有關的多幅畫作。本書中以布利安作品爲靈感的插圖多出自於以下著作中的「古生代」、「中生代」、「新生代」主題文章：

《原始動物》 *Zvírata praveku*，尤瑟夫‧奧古斯塔／茲德內克‧布利安Josef Augusta/Zdenek Burian合著。©1960年布拉格阿爾提亞出版社 Éditions Artia, Prague。

《原始生命》 *Zivot v praveku*，茲德內克‧V‧斯賓那／茲德內克‧布利安Zdenek V. Spinar/Zdenek Burian合著。維納道西恩和瑙出版社， © 1973年布拉格阿爾提亞出版社Éditions Artia, Prague。

《滅絕的動物世界》 *Svet vyhynulych zvírat*， 波利渥伊‧札魯巴／茲德內克‧布利安Borivoj Zaruba/Zdenek Burian合著。©1982年布拉格阿爾提亞出版社 Éditions Artia, Prague。

《原始人和他的祖先》 *Praclovek a jeho predkové*，伏拉蒂斯拉夫 ‧馬札克／茲德內克‧布利安Vratislav Mazak/Zdenek Burian合著。©1983年布拉格阿爾提亞出版社 Éditions Artia, Prague。

〈給各類讀者的提醒〉

給純粹讀內容的讀者

無論就事實考據或圖像的觀點來看，我在本書中並無一絲一毫的虛構。為了將人類歷史轉化為圖像呈現，我參考了許多化石圖片，也運用了人類某些典型在文明史發展的3萬年間所製造的大量視覺遺產——從新石器時代的石雕壁畫，到古希臘的馬賽克拼貼裝飾；從中世紀的祭壇屏風到現代的銀版照相作品，甚至是由太空望遠鏡拍到的影像，乃至於3D立體繪圖。

給有信仰的讀者

本書絕非為了傳播教義——我並不想勸任何人改宗，即便我個人的無神論世界觀免不了從頁面之間流露出來。比起這點，我認為更有趣的是與對這些演化事件具備科學基礎觀點的讀者們直接對話。然而，對於每一項新獲得的知識來說，新的問題不僅會在科學方面出現，在神學面也不例外，且會深深影響我們眼中的自我形象。

給漫畫迷讀者

如果出於看漫畫的習慣你先直接翻到了這一頁，那麼我誠摯地邀請你繼續以這種方式「由後往前」讀完本書。如此一來，你便能以前所未見的方式檢視書中描繪的所有過程與故事發展——以一種通常無法在視覺上掌握的方式。請記得，每一頁的讀法不但要「從右到左」，還必須「由下往上」。

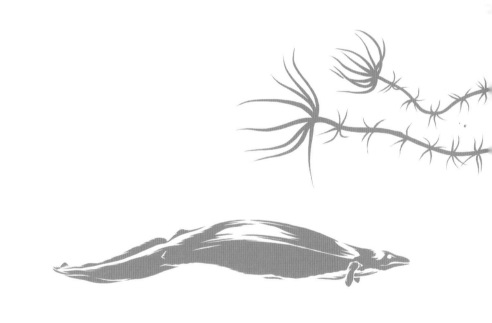

給愛好科學的讀者

寫作這本書並不是為了說服讀者相信某項宇宙及生命演化的觀點。其真正目的是呈現「世界生成」（devenir du monde）的可能樣貌，導出「善用當下」的概念。各種最為繽紛多元的原理和知識鋪陳出整本書的製作，而它們未必總是符合最新的研究結果；我根據其發展可能性與強烈的視覺效果潛力，以我自己的主觀視角選擇使用這些材料的方式。

from 137

萬物宇宙史

ALPHA… directions

繪著：延斯・哈德Jens Harder
譯者：杜蘊慧、梅芰茫
責任編輯：湯皓全
審校：魏嘉儀、江灝
校對：許景理
美術編輯：許慈力
出版者：大塊文化出版股份有限公司
台北市105022南京東路四段25號11樓
讀者服務專線：0800-006689
TEL：(02) 87123898　FAX：(02) 87123897
郵撥帳號：18955675　　戶名：大塊文化出版股份有限公司
法律顧問：董安丹律師、顧慕堯律師
版權所有　翻印必究

國家圖書館出版品預行編目(CIP)資料

萬物宇宙史/延斯.哈德(Jens Harder)繪著；杜
蘊慧,梅芰芒譯. -- 初版. -- 臺北市：大塊文化出
版股份有限公司, 2021.03
　面；　公分. -- (from；137)
譯自：Alpha…directions.
ISBN 978-986-5549-46-6(精裝)

1.宇宙 2.漫畫

323.9　　　　　　　　　　　　　110000977

總經銷：大和書報圖書股份有限公司
地址：新北市新莊區五工五路2號
TEL：(02) 89902588 (代表號)　　FAX：(02) 22901658

初版一刷：2021年3月

定價：新台幣 1500 元
Printed in Taiwan